V

©

PONTS BIAIS

TRACÉ DES ÉPURES, COUPE DES PIERRES ET DÉTAILS
SUR LA CONSTRUCTION DES DIFFÉRENTS SYSTÈMES
D'APPAREILS DE VOUTES BIAISES, MIS A LA PORTÉE
DE TOUS LES AGENTS DE TRAVAUX ET APPAREILLEURS

Par S. LOIGNON

Conducteur d'Études et de Travaux de Chemins de Fer

TEXTE

*Le dépôt de cet ouvrage a été fait à Paris
le   octobre 1872.*

PARIS

IMPRIMERIE TYPOGRAPHIQUE ET LITHOGRAPHIQUE DE CH. BERNARD
155, Faubourg-Poissonnière, 155.

1872

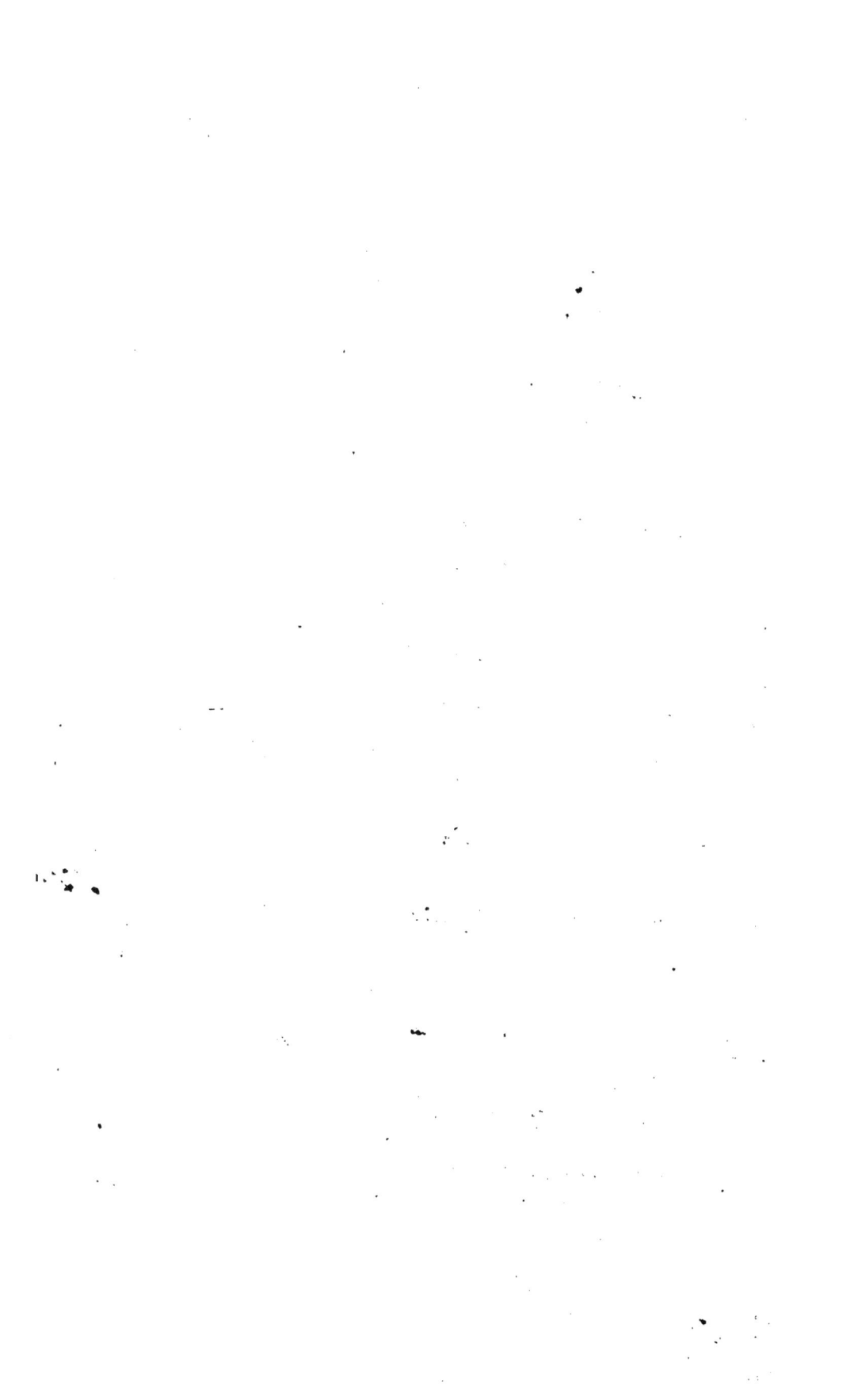

PONTS BIAIS

TRACÉ DES ÉPURES, COUPE DES PIERRES ET DÉTAILS
SUR LA CONSTRUCTION DES DIFFÉRENTS SYSTÈMES
D'APPAREILS DE VOUTES BIAISES, MIS A LA PORTÉE
DE TOUS LES AGENTS DE TRAVAUX ET APPAREILLEURS

Par S. LOIGNON

Conducteur d'Études et de Travaux de Chemins de Fer

Tout exemplaire du présent traité qui ne porterait pas comme ci-dessous la signature de l'auteur, sera réputé contrefait.

Le dépôt de cet ouvrage a été fait à Paris

le 31 octobre 1872

PARIS

IMPRIMERIE TYPOGRAPHIQUE ET LITHOGRAPHIQUE DE CH. BERNARD
159, Rue du Faubourg-Poissonnière, 159

1872

AVIS DE L'AUTEUR

—

Produire un traité le plus simple possible et à la portée de tous les Agents de travaux et Appareilleurs, voilà ce que j'ai voulu faire, heureux je me trouverais si mon but est atteint.

Ce traité pratique donne toutes les explications comme s'il s'agissait de faire les épures sur le terrain, il contient aussi les démonstrations théoriques pour les agents destinés à faire les études au bureau. Il est donc utile et indispensable aux Surveillants, Piqueurs, Conducteurs, Agents-voyers, Dessinateurs et Directeurs de travaux.

Au moyen des méthodes générales et exactes qui y sont indiquées et qui ne sont que la reproduction des études et constructions que j'ai été appelé à faire, ces agents pourront tracer eux-mêmes les épures, faire exécuter la taille des pierres et suivre avec certitude la construction de quelque soit le système d'appareil d'une voûte biaise.

J'ose enfin espérer que ce traité leur rendra de grands services, ainsi qu'aux Appareilleurs et Tailleurs de pierres auxquels il manquait une bonne méthode, succinte, facile et peu coûteuse surtout, qui leur permit de tailler les pierres les plus compliquées de tous les appareils de ponts biais.

PONTS BIAIS

OBSERVATIONS PRÉLIMINAIRES

VOUTE DROITE

PLANCHE Ire
Fig. 1re.

1 .-Dans les voûtes droites $A^bB^hC^hD^h$, la génératrice gg' du cylindre (1) fait constamment un angle droit avec les faces verticales des têtes A^h S^v B^h et C^h S^v D^h et la division des voussoirs s'obtient par des arcs de cercle m n résultant de l'intersection des différentes positions de la génératrice avec des plans verticaux ef, hi parallèles aux faces de tête.

Ces arcs de cercle (lignes de plus grande courbure), et les génératrices (lignes de plus petite courbure), se coupent toujours à angles droits et sont encore appelées *lignes de plus grande et de plus petite compression*.

VOUTE BIAISE

PL. 1.
Fig. 2.

2.—Lorsqu'une voûte est biaise, telle que $A^hB^hD^hE^h$ la génératrice g g' du cylindre de section droite ne fait plus avec les têtes A^h S^v B^h et D^h S^v E^h un angle droit, il devient dès lors impossible de prendre pour limites des voussoirs les lignes de plus grande et de plus petite courbures.

En effet, si on voulait appliquer à cette voûte un appareil analogue à celui d'une voûte droite, chaque voussoir présenterait en douelle deux angles obtus α et deux angles aigus β, et il arriverait dans la pression que les voussoirs exercent les uns contre les autres, que ces angles n'étant pas capables d'une égale résistance, les angles aigus β qui sont les plus faibles pourraient éclater.

En admettant même qu'on appareille les voussoirs intermédiaires de façon à présenter tous angles droits en douelle, ceux extrêmes se termineraient encore sur les faces des têtes de la voûte par un angle obtus α et par un angle aigu β, de là, le même inconvénient pour les têtes de la voûte que celui signalé précédemment.

---

(1) On appelle Génératrice du cylindre, toute ligne tracée sur sa surface parallèlement à l'axe.

Ces modes d'appareils ne peuvent être adoptés lorsqu'une voûte biaise dépasse quelques degrés, c'est pourquoi on a recherché les moyens d'appareiller les ponts biais en général.

PL. I. Fig. 3. On est conduit à établir un pont biais, lorsqu'une rivière ou un chemin de fer coupe obliquement une route et qu'il n'est pas possible de détourner l'une ou l'autre des deux voies.

APPAREIL HÉLIÇOIDAL

PL. II. Fig. 7. **3** .—Dans cet appareil, tous les voussoirs intermédiaires ont leurs quatre angles droits en douëlle, formés par des droites perpendiculaires sur les lignes d'assises ou de joints continus, il n'y a que les voussoirs de tête qui ont des angles variables sur les ⌐ res de tête.

L. I. Fig. 3. Une voûte est biaise lorsque les projections horizontales $A^h B^h$ et $D^h E^h$ des faces de tête ne sont pas perpendiculaires aux nus des murs des culées ou à l'axe $C^h C^h$

Un pont est d'autant plus biais que l'angle α (angle du biais), que fait l'axe $C^h C^h$ avec l'une des têtes $A^h B^h$ ou $D^h E^h$ est d'autant plus petit.

C'est par l'angle aigu que nous désignons le biais d'un pont.

PL. II. Pour les démonstrations de cet appareil
Fig. 4, 5, 6. nous prenons pour *plan horizontal* le plan des naissances $A^h B^h D^h E^h$; pour *plan vertical*, l'un des plans de tête $A S^v B$, $D S^v E$ et pour *section droite* le demi cercle $D^h S^v H$.(1)

PL. II. **4 .— Tracé de la Synusoïde ou développe-**
Fig. 4, 7. **ment de l'arc de tête de la voûte.** — On divise la demi-circonférence du cercle de section droite $D^h S^v H$, en autant de parties qu'on juge convenable, on prolonge le diamètre $D^h H$ de cette section; soit à droite, soit à gauche du plan horizontal en $d h$, sur ce prolongement on développe la demi-circonférence en y indiquant les points de division 0. 1. 2. 3. 4. 5 6. 7. 8. 9. 10. 11. 12. 13. 14, desquels on abaisse des perpendiculaires indéfinies $p, p, p...$, de même des points de division de la demi-circonférence on abaisse sur le diamètre $D^h H$, considéré comme ligne

(1) Nous considérerons comme *ligne de terre*, les grand axes des ellipses des têtes et le diamètre de la section droite.

de terre des perpendiculaires p^v , p^v , p^v .... qu'on prolonge jusqu'à la projection horizontale D^h E^h de l'ouverture biaise de la tête de la voûte, ou autrement dit, jusqu'au biais de la tête de la voûte.

Par les rencontres de ces perpendiculaires sur ledit biais, on mène des parallèles p^h, p^h, p^h,.. au diamètre D^h H du cercle, les intersections i de ces parallèles avec les perpendiculaires indéfinies abaissées du prolongement d h du diamètre donnent les points de la sinusoïde, qu'on trace en joignant ces points entre eux pour en former une courbe aussi douce que possible.

La *sécante de la sinusoïde* est la droite e d ou b a qui joint les extrémités de la courbe de tête développée et passe par l'axe S.

PL. II.
Fig. 4 et 6.

5 .— Tracé de l'Ellipse de tête. — On divise la demi-circonférence D^h S^v H de la section droite en un certain nombre de parties (en quatorze parties, par exemple,) des points de division on abaisse des perpendiculaires p^v , p^v , p^v , p^v ,.... sur le diamètre D^h H, qu'on prolonge jusqu'au biais D^h E^h de la tête de la voûte, des intersections de ces perpendiculaires on élève sur ce biais reporté en D E (fig. 6), d'autres perpendiculaires p', p', p'.... respectivement égales à leurs correspondantes p^v , p^v , p^v ,.. sur le demi cercle de section droite, les points extrêmes de ces perpendiculaires, ainsi obtenues, appartiennent à l'ellipse intrados de la tête qu'on trace en joignant ces points entre eux par une courbe continue.

PL. III. Fig. 8.

On peut aussi tracer l'ellipse par points, en prenant sur une règle une longueur A B égale au demi-grand axe et une longueur A C égale au demi-petit axe. En faisant mouvoir la règle de manière que le point C soit constamment posé sur le grand axe et le point B sur le petit axe, dans ce mouvement, le point A accusant la courbure de l'ellipse, on prendra autant de points qu'on voudra pour la tracer.

PL. II. Fig. 6.

6 .— Tracé de la tête de la voûte et des joints de face normaux à l'ellipse. On prend une ouverture de compas égale à D C demi-grand axe, du sommet S^v de l'ellipse intrados, on décrit avec cette ouverture de compas, un arc de cercle coupant le grand axe DE en f, f; ces points sont les foyers de l'ellipse.

On divise ensuite l'ellipse intrados en autant de parties qu'on veut avoir de voussoirs, en onze par exemple, de chaque foyer f et f on mène des lignes droites ou *rayons vecteurs* aboutissant aux points de division. On divise ensuite chaque angle formé par ces lignes ou rayons vecteurs en deux parties égales, par les bissextrices *c K* normales à l'ellipse intrados, (1) sur ces normales prolongées qui appartiennent aux joints de face des voussoirs, on prend à partir de l'ellipse intrados des longueurs égales à la hauteur des pierres du bandeau de la voûte, ce qui donne les joints de face des voussoirs, et en joignant les extrémités de ces longueurs égales par une courbe on obtient l'ellipse extrados de la tête du pont.

Dans les voûtes avec têtes elliptiques, on doit adopter comme dans les voûtes en arc de cercle, la division des voussoirs en nombre impair, quoique la clef ne s'y accuse pas bien visiblement.

PL. II. Fig. 7. **7 .-- Tracé de la douëlle développée, des lignes de joints continus et des voussoirs.** En prenant sur les perpendiculaires indéfinies *p, p, p....* abaissées du prolongement *d h* du diamètre de la section droite, des longueurs égales à l'axe *C^h C^h* de la voûte, mesurées à partir de la sinusoïde *e S d*, on obtiendra les points de la sinusoïde *b S a* de l'autre tête de la voûte, et on se dispensera par là de tracer une deuxième sinusoïde, comme on l'a expliqué ci-dessus.

En joignant les extrémités des deux sinusoïdes par les droites *e b* et *d a* figurant les naissances de la voûte, on aura le développement *e S d a S b* de la douëlle.

Ce développement obtenu, il faut rechercher de quelle façon il y a lieu d'établir les voussoirs de tête. Pour cela on divise chaque sinusoïde en onze parties égales, en autant de parties que de voussoirs, des points de division on mène des lignes perpendiculaires ou à peu près perpendiculaires à la sécante de la sinusoïde, en commençant d'abord par faire aboutir les lignes partant des points *a* et *e* de la naissance de chaque sinusoïde, à l'une des divisions, n° 4 par exemple, de l'autre sinusoïde, joignant ensuite par des droites, qu'on appelle lignes de joints continus, les points de division 5,6,7,8,9 et 10 des voussoirs de la sinusoïde *a S b* aux point de divisions correspondant, 10, 9, 8, 7, 6 et 5 des voussoirs de l'autre sinusoïde *e S d*, on obtient ainsi une partie des lignes de joints continus, représentées par 5 et 10 -- 6 et 9 -- 7 et 8 etc. lesquelles sont parallèles entre elles.

En menant des points de division 1, 2, 3, restant sur chaque sinusoïde, des parallèles aux lignes déjà tracées, on obtient les autres lignes de joints continus

(1) PL. II. Fig. 6. — partie détachée Pour cela, du sommet *K* de chaque point de division des voussoirs on décrit un arc de cercle coupant en *a* et *b* les rayons vecteurs, de ces points *a* et *b* et avec une même ouverture de compas on décrit deux arcs de cercle, le point *c* où ces arcs se coupent étant joint au sommet par une droite, donne la *bissextrice* de l'angle.

aboutissant aux angles *a* des crossettes sur les naissances de la voûte.

Dans ce tâtonnement, il faut avoir le soin de tracer les lignes des joints de douëlle, de manière que les crossettes *aba* ou pierres de retombées appelées aussi crémaillères soient toutes égales entre elles, sauf celles des angles aigus qu'on est souvent obligé de faire varier.

Quant ce résultat est atteint, comme le montre la figure 7, on détermine les queues des voussoirs.

PL. III.—Fig. 9. Pour y arriver on prend sur les lignes de joints continus 2, 4, 6, 8, 10, des longueurs égales *2 L, 4 L, 6 L*...... pour les grandes queues des voussoirs ; sur les lignes *1, 3, 5, 7, 9* d'autres longueurs égales *1 l, 3 l, 5 l*..... pour les petites queues. De tous les points *L, l*, ainsi obtenus on mène des perpendiculaires *L O* et *l o* aux lignes de joints continus en les traçant de droite à gauche, pour la tête *a S b*, et de gauche à droite, pour la tête *e S d*, c'est-à-dire, toutes dans le même sens pour une même tête de la voûte, on obtient par ce moyen tous les voussoirs de grandes et de petites queues sur la douëlle développée.

S'il arrivait dans ce tracé que les queues de deux voussoirs contigus se confondissent ou fissent mauvais effet, il faudrait alors donner à ces voussoirs des dimensions telles, que les grandes queues fussent parfaitement distinctes des petites queues, soit en augmentant la douëlle du voussoir de grande queue, soit en diminuant celle du voussoir de petite queue.

On pourrait aussi déterminer les queues des voussoirs suivant des sinusoïdes parallèles à celle de la tête, en menant par le milieu de chaque voussoir des lignes parallèles aux joints continus, sur lesquelles on prendrait des longueurs égales pour les grandes queues et d'autres longueurs égales pour les petites queues et en menant par les extrémités de ces longueurs des perpendiculaires aux joints continus de la douëlle.

PL. II.
Fig. 4, 5 et 7. **8. — Projections verticales de la queue des voussoirs.** De l'angle *g* de la queue du 4ᵉ voussoir par exemple, pris sur la douëlle développée, on mène une perpendiculaire *g n* sur la naissance a *d* qu'on prolonge indéfiniment dans le plan horizontal, on reporte ensuite le développement *n g* de la douëlle sur la demi-circonférence de section droite de D^h en g^v, de ce dernier point g^v, on abaisse sur le diamètre D^h *H* du cercle de section droite, considéré comme ligne de terre, une perpendiculaire qu'on prolonge aussi dans le plan horizontal jusqu'à sa rencontre en g^h, avec la perpendiculaire *g n* précitée. On projette

l'intersection g^h sur le biais $A^h B^h$ de la voûte en $g^{h'}$ qu'on reporte sur le grand axe $A B$ de l'ellipse de tête en $g^{h'}$. On prend alors sur le cercle de section droite, la hauteur du point g^v au diamètre $D^h H$ qu'on reporte sur la perpendiculaire élevée en $g^{h'}$ sur le grand axe de l'ellipse, le point g^v ainsi obtenu sur cette perpendiculaire, donne la projection verticale de l'angle g du voussoir.

Les autres points ou projections verticales g^v, G^v, G^v, etc., s'obtiennent de même.

En unissant entre eux le point K au point g^v le point K, au point g^v, et le point g^v, au point g^v, on obtient la douëlle du 4e voussoir en élévation.

Nous croyons utile de faire remarquer pour le 9e voussoir par exemple, qu'au lieu de prendre le développement sur la douëlle, depuis le point G jusqu'à la naissance da prolongée, on pourrait le prendre du même point G jusqu'en n sur la naissance $e b$, reporter ensuite le développement $G n$ sur la demi-circonférence de section droite de H en G^v et continuer l'opération comme on vient de le démontrer.

Pl. II. Fig 5 et 7

9.—Tracé sur l'élévation des panneaux des voussoirs ou angle que fait chaque joint de tête avec celui de douëlle. Prenons pour exemple le 8e voussoir, coté de l'angle obtus.

Dans ce voussoir on connait sur l'élévation, $h K$ joint de face et $K m$ joint de douëlle, sur la douëlle développée, il ne reste donc à trouver que l'angle formé par ces deux lignes.

Si l'on considère que la projection verticale m^v de l'un des angles de la queue du voussoir est déterminée, il est évident que la vraie position de cet angle ne peut se trouver que sur une ligne passant par sa projection m^v, et perpendiculaire à la face même du voussoir ou perpendiculaire à une ligne qui se trouverait entièrement dans le plan de cette face, comme la ligne $h K$ ou son prolongement.

Pl. II Fig. 5 voussoir détaché n° 8

Si donc on prolonge la ligne de face $h K$, que par le point m^v on mène une perpendiculaire à cette ligne, que du point K et avec une ouverture de compas égale au joint $K m$ pris sur la douëlle développée on décrive un arc de cercle coupant en m la dite perpendiculaire, ramenée dans le plan de la face verticale et qu'on joigne le point m' au point K, l'angle $m' K h$ sera celui cherché, c'est-à-dire, l'angle que fait le joint de tête avec celui de douëlle.

En joignant le point m' au point h par une droite on aura la diagonale du panneau.

En élevant en m' une parallèle $m' m^2$ égale à $K h$

et en joignant par une droite le point m^2 au point h on aura le panneau complet du voussoir.

L'autre panneau du même voussoir s'obtiendra de même.

La diagonale d'un panneau obtenue on peut aussi tracer sur la douëlle développée les panneaux des voussoirs.

PL. II. Fig. 5 et 7. En effet, on connait hK vraie grandeur du joint de face de tête, Km vraie grandeur du joint de douëlle et hm' vraie grandeur de la diagonale, trois données nécessaires pour construire un triangle.

Si donc du point K et avec une ouverture de compas égale à Kh joint de tête, on décrit un arc de cercle, que du point m et avec une ouverture de compas égale à $m'h$, vraie grandeur de la diagonale, on décrive un autre arc de cercle, qui coupe le précédent en h, en joignant l'intersection de ces arcs, aux points K et m par des droites on aura le panneau cherché, exactement semblable à celui de l'élévation verticale trouvé précédemment.

Soit encore à déterminer un des panneaux du voussoir aigu n° 4.

PL. II. Fig. 5 (*Voussoir n° 4 détaché*) Du point g^v on mène une perpendiculaire à la ligne de face hK. — Du point K et avec une ouverture de compas égale au joint Kg pris sur la douëlle développée, on décrit un arc de cercle coupant en g' ladite perpendiculaire ramenée dans le plan de la face verticale.

En joignant par une droite le point g' au point K on aura $g'Kh$, pour l'angle du panneau ou l'angle que fait le joint de tête avec celui de douëlle.

En élevant en g' une parallèle $g^1 g^2$ égale à Kh et en unissant le point g^2 au point h on aura le panneau complet.

PL. III. Fig. 15. **10. — Désignation des différents panneaux d'un voussoir.** — On appelle :

Panneau de face. La face A du voussoir vue en élévation verticale.

Panneau de douëlle. La face B, vue à l'intrados de la voûte, ou sur le développement de la douëlle (grandes et petites queues.)

Panneau lit d'attente, le coté C du voussoir sur lequel doit s'appuyer la face de coté du voussoir à poser.

Panneau lit de pose, le coté D du voussoir qui doit s'appuyer sur le lit d'attente du voussoir posé.

Face postérieure est celle opposée à la face de tête désignée aussi par *face de queue*.

Face extrados ou *face supérieure*, est celle opposée à la douëlle.

PL. III. Fig 16.   L'angle α que fait le joint de tête avec celui de douëlle est le même pour le panneau lit d'attente et le panneau lit de pose de deux voussoirs contigus. Ces deux panneaux ne diffèrent entre eux que par la longueur, l'un de petite queue et l'autre de grande queue.

PL. II Fig. 5   **11. — Longueur réelle d'un panneau de voussoir.** — C'est la perpendiculaire *g s* abaissée de l'extrémité *g* du panneau, sur la ligne de joint de face *h* K prolongée si c'est nécessaire, (n°9).

Voussoirs 4 et 8 détachés

Vraie grandeur d'une arête intrados d'un panneau. — C'est le développement pris sur l'arête même du panneau ou la longueur du joint y correspondant relevé sur la douëlle développée.

PL. III.   **12. — Détermination des Crossettes.** Le cordon ou sommier fait généralement partie des pierres des crossettes.

(Fig. 9, 10 et 11)

Figure 9   **Crosettes en douëlle.** On les obtiendra en abaissant des points *a* intersections des lignes de joints continus avec la naissance a *d*, les perpendiculaires *a c c* sur la base du cordon et en menant par ces intersections, des parallèles *a b* aux queues des voussoirs de tête jusqu'à leur rencontre avec les joints continus.

Figure 10   **Crossettes en coupe.** On tracera la partie supérieure *b*ᵛ *d*ᵛ , suivant la direction du rayon du cercle de section droite, et la face *b*ᵛ *o*ᵛ vue en douëlle, suivant la courbure du cercle.

Figure 10   **Crossettes en plan.** On projettera les points *b, o, a, c,* de la douëlle et les points *b*ᵛ , *o*ᵛ , *c*ᵛ , *c*ᵛ de la section droite sur le plan horizontal, des intersections *b*ʰ, *o*ʰ, *a*ʰ, *c*ʰ, de ces projections, on abaissera sur la ligne E F, limitant la largeur des crossettes, les perpendiculaires *c*ʰ *a*ʰ *d*ʰ, *b*ʰ *o*ʰ *d*ʰ lesquelles donneront les crossettes en plan horizontal.

Figure 10 et 11   **Crosettes en élévation.** On abaissera des points *b*ʰ, *c*ʰ, *a*ʰ, situés dans le plan horizontal des perpendiculaires sur le biais Aʰ Bʰ de la tête du pont, considéré comme ligne de terre qu'on prolongera jusque sur le cordon de l'élévation.

Les projections *a*ᵛ se trouveront sur la naissance Eᵛ Bᵛ , et les projections *c*ᵛ et *b*ᵛ seront les intersections des perpendiculaires abaissées de *c*ʰ et *b*ʰ, avec des parallèles menées au dessus et au dessous de la naissance Eᵛ Bᵛ , aux mêmes distances que les points *c*ᵛ et *b*ᵛ , de la coupe de la crossette, sur la section droite, se trouvent de la naissance *o*ᵛ *o*ᵛ .

En unissant par des verticales les points *c*ᵛ *e*ᵛ de

la face du cordon, et par des droites les points c'
appartenant à l'arête du glacis du cordon aux points
a' de la naissance, et les points b' aux dits points a'
on aura les crosettes sur l'élévation verticale.

PL. II.
Fig. 12 13 et 14
13. — Tracé sur le cintre des lignes de joints continus. On tracera d'abord sur la douëlle
les génératrices g, g..... g du cylindre ces géné-

Fig 12
ratrices sont, ainsi qu'on l'a déjà dit parallèles à l'axe
de la voûte ou aux naissances *ad* et *b e.*

On pourra pour simplifier tracer sur la douëlle
développée les génératrices partant de chaque point
de division, *1, 2, 3... 10* des voussoirs de la courbe de
tête développée *b S a* et aboutissant aux points de
division *5, 6, 7... 14,* des voussoirs de l'autre courbe
de tête développée *c S d.*

Figure 14
On reportera ensuite sur le cintre la position de
ces génératrices, on élevant de chaque point de division intrados *0, 1, 2, 3, 4.... 10* et *11* de l'élévation
verticale, des perpendiculaires *0, 0. — 1, 1. — 2, 2...* etc

Figure 13
sur la projection horizontale $A^h B^h$ de la tête de la
voûte, et en menant par les intersections *1, 2, 3, 4....*
10 des parallèles aux naissances $B^h E^h$ et $A^h D^h.$

Ces génératrices sont représentées sur le plan
horizontal du cintre par les droites *1, 5, - 2, 6,... 9, 13*
et *10, 14,* allant d'une tête à l'autre tête du plan.

Figure 12
Cela fait, on relèvera sur la douëlle développée
la position des intersections *2, 3, 4... 11, - 3, 4, 5... 12*
etc, des génératrices avec les lignes de joints continus
mesurées à partir de la courbure de la face de tête
b S a, qu'on reportera de même sur les génératrices
du cintre, c'est-à-dire, à partir de la projection

Figure 13
horizontale $A^h B^h$, en ayant le soin dans cette
dernière opération de numéroter sur chaque génératrice les intersections des lignes de joints continus
en suivant l'ordre adopté pour la douëlle (1).

On marquera également sur les naissances du
cintre, les divisions des crosettes *1, 2, 3* et *12, 13, 14,*
déterminées sur la douëlle développée par les lignes
de joints continus, puis au moyen d'une règle très
flexible, qu'on fera partir :

1° des points de division *4, 5, 6, 7, 8, 9, 10* et *11*
des voussoirs de la tête $A^h B^h$, passant par tous
les points intermédiaires de même numéros et

---

(1) On voit à l'inspection de la figure 13, que si ces intersections
étaient réunies par des droites, partant de la naissance $E^h B^h$ et
aboutissant à l'autre naissance $A^h D^h$, donneraient des parallèles à la
projection horizontale $A^h B^h$ de la tête de la voûte, telles sont les
lignes N°° *1, 2, 3..... 11* et *12 ; — N°° 2, 3, 4.... 12 et 13 ; —*
et N°° *3, 4, 5..... 13 et 14 —*

aboutissant aux points de division *4, 5, 6, 7, 8, 9,
10* et *11* des voussoirs de l'autre tête $D^h E^h$;

2° Des points de division *1, 2, 3* des voussoirs
de la tête $A^h B^h$ et *12, 13, 14* des voussoirs de la
tête $D^h E^h$, aboutissant sur les naissances, en passant
par les points intermédiaires, aux divisions de
mêmes numéros des crossettes correspondantes à
ces derniers voussoirs, on obtiendra sur le cintre le
tracé de tous les joints continus.

Ces joints figurés sur le plan horizontal par des
courbes de mêmes numéros, sont des hélices.

PL. III. Fig. 9   **14. — Voussoirs ou moellons intermédiaires.**
Après avoir tracé sur le cintre les lignes de joints
continus, on ébauchera un moellon qu'on présentera
entre deux de ces lignes, de manière que sa position
soit bien fixée, la face de douëlle du moellon étant
rectangulaire et plane ne reposera d'abord sur le
cintre que suivant la direction *g g'* d'une génératrice
du cylindre, (1) face qu'on dégauchira ensuite jusqu'à
ce qu'elle coïncide entièrement avec le cintre.

Lorsqu'un moellon aura été taillé comme on vient
de le dire, tous les autres moellons étant de même
largeur et variant peu, quant à la longueur on pourra
faire le dégauchissement de leurs faces de douëlle en
se guidant sur le premier.

(Voir à ce sujet les n°⁵ **24** et **25.**)

PL. III. Fig. 9.   Généralement dans les voûtes complètement en
pierre, on établit deux cours de moellons pour un
voussoir ; dans ce cas l'extrémité *L O* ou *lo* d'un
voussoir de tête en douëlle doit avoir pour largeur la
somme des deux joints *a b, a b* des crossettes correspondantes et les moellons des dimensions telles que
deux de ces moellons, joint entre eux compris,
aient la même largeur que la queue du voussoir y
correspondant.

PL. III Fig. 17   **15. — Voûte avec les voussoirs des têtes**
partie seulement **en pierre de taille et le reste en briques.** Si
une voûte devait être appareillée en pierre pour les
voussoirs des têtes seulement et en briques pour le
reste de la douëlle, il ne faudrait pas perdre de vue
que la largeur des voussoirs dépendrait de la dimen-
sion des briques, que ces voussoirs devraient être
taillés de façon que leur largeur en douëlle fut égale
à un certain nombre de cours de briques, joints
compris ; *0.007* est le joint ordinaire entre deux cours

---

(1) Cela repose sur le théorème. « Qu'un plan tangent à une surface
» cylindrique ou conique ne touche cette surface que suivant une
» génératrice. »

de briques en douëlle. On peut cependant le faire varier jusqu'à *0,01* au plus, pour arriver à obtenir des voussoirs correspondant exactement à un certain nombre de briques joints compris.

Ainsi je suppose qu'on ait une voûte dont le développement de l'ellipse intrados de tête soit de $0^m 303$.— Si on admet onze voussoirs, chacun de ces voussoirs, y compris deux demi-joints, devrait avoir une largeur de $\frac{6\ 303}{11} = 0,573$. En employant de la brique de *0,06* d'épaisseur sur champ, avec le joint de *0,007* en mortier, cela donnerait pour un cours de briques $0^m\ 067$. — En divisant *0,573* par *0,067* on trouverait *9* cours de briques correspondant à chaque voussoir.

PL. III.
Fig. 15 et 18.

16. — Régles à observer pour la stabilité des voûtes biaises, et différentes dispositions à donner aux voussoirs. — La figure *15* montre que les voussoirs situés entre la clef et la naissance de la voûte, du coté de la culée aigüe que nous désignons par **voussoirs de l'angle aigu**, doivent être taillés à l'intrados et à l'extrados avec plans inclinés vers la face de tête, qu'ainsi façonnés, ils ont une tendance à glisser en dehors de la tête de la voûte et à laisser glisser dans le même sens les matériaux qu'ils doivent supporter.

Que les voussoirs situés entre la clef et la naissance de la voûte du coté de la culée obtus, que nous désignons par **voussoirs de l'angle obtus** devant être taillés à l'intrados et à l'extrados suivant des plans inclinés dirigés vers l'intérieur de la voûte ont, contrairement aux autres voussoirs, une tendance à pousser du côté même de la voûte et à laisser glisser dans le même sens les matériaux qu'ils doivent aussi supporter. Ces matériaux en reposant sur ces plans inclinés, tendent de leur coté et par leur propre poids à repousser les voussoirs vers la face de tête; il en résulte donc lorsque les voussoirs obtus sont surmontés de la tête du pont qu'ils sont très exposés à être renversés en dehors de la voûte.

PL. VI.
Fig. 27 et 28
(pont biais
à 27°1)

Pour remédier en partie aux inconvénients signalés, il faut que l'extrados des voussoirs présente une surface $h^v h^v m m$ perpendiculaire au plan de tête sur au moins *0, 25* ou *0, 30* de profondeur.

Cette disposition a pour but de donner une bonne assise au mur de tête et de prévenir par là, le glissement des matériaux posés au dessus des voussoirs aigus, et de préserver de la poussée au vide les voussoirs de l'angle obtus.

Lorsque la pierre choisie pour les voussoirs obtus permettra de faire régner la surface perpendiculaire au plan de tête sur une plus grande profondeur cela n'en sera que plus solide pour asseoir la tête du pont et détruire davantage la poussée au vide.

PL. VIII.
Fig. 35 et 36
(pont biais
à 27°¹)

On remédiera encore plus à ces inconvénients, si après avoir opéré comme nous venons de le dire, on laissait à l'extrados le plus de hauteur de pierre possible vers la face postérieure pour les voussoirs obtus et vers la face de tête pour les voussoirs aigus, afin de faire disparaître les plans inclinés, qu'on taillerait à redents suivant un plan parallèle aux naissances de la voûte, redents qu'on noierait dans la maçonnerie du mur de tête en dehors de l'épaisseur de 0, 30 nécessaire à la partie de face, de cette façon tous les matériaux de ce mur reposeraient horizontalement sur les redents des voussoirs, sauf sur la surface h^v h^v m m perpendiculaire au plan de tête qui doit quand même accuser la courbure de l'extrados du bandeau de la voûte.

En opérant ainsi on détruirait complétement les glissements et la poussée au vide de l'extrados des voussoirs, et on parviendrait à construire les voûtes biaises dans de très bonnes conditions de stabilité.

La profondeur de 0, 25 ou 0, 30 mesurée à partir du plan vertical de tête et dont il vient d'être question est absolument nécessaire pour monter le mur du parement vu de la face du pont, soit en briques, soit en moellons.

PL. III.
Fig. 16 bis.

Pour simplifier on pourrait, lorsqu'une voûte est peu biaise, appareiller la tête en crémaillères comme le montre la figure 16ᵇⁱˢ de cette façon l'extrados de chaque voussoir pourrait être terminé par un plan a b, perpendiculaire à la face de tête, mené sur toute la profondeur du voussoir, parallèlement aux naissances. On aurait de la sorte une très bonne assise pour établir le mur de tête du pont et parer aux inconvénients dont il vient d'être question.

Si on ne voulait pas que les crémaillères apparussent sur l'élévation verticale, il faudrait abattre sur chaque voussoir, à partir du plan de tête et sur 0.25 ou 0.30 de profondeur, la pierre nécessaire pour établir le bandeau circulaire de l'extrados et monter sur cette largeur le mur du parement vu du pont qui fait partie du mur de tête avec lequel il doit par conséquent être relié.

Ce système est très coûteux à cause de la grande quantité de pierre qu'il exige, c'est pourquoi on y a rarement recours.

PL. III. Fig. 10.
V. Fig. 21.
et

17 .— Culée de l'angle aigu renforcée. Il est toujours prudent d'établir la culée aiguë d'un pont biais en la renforçant sur une grande partie de l'appa-

PL. VIII
Fig. 36 bis
et 37 bis.
reil biais, lorsque les têtes seulement sont biaises, et en la montant jusqu'à l'extrados de la clef de la voûte, avec plan incliné, sur lequel on établit une chape pour écouler les eaux.

Lorsque la voûte est complétement biaise on établit le renforcement sur une longueur en rapport avec l'épaisseur de la culée.

Par ce moyen la culée aiguë présentant plus de stabilité on évitera les lézardes qui s'y produisent souvent lorsqu'on ne la renforce pas et la tête de la voûte étant ainsi bien maintenue on parera un peu à sa poussée au vide qui s'exerce toujours vers l'angle aigu.

PL. I. Fig. 2. **18 .— Poussée au vide de la voûte.** Avant de terminer cette première partie nous croyons devoir expliquer ce qu'on entend par la poussée au vide de la voûte.

Lorsqu'on décintre une voûte, on l'abandonne à son propre poids, la partie supérieure tend à repousser la partie inférieure (partie vers les naissances), il s'opère alors une compression générale de tous les matériaux dont la voûte est construite.

Dans une voûte droite cette compression se répartit uniformément suivant la direction des génératrices et les poussées se reportent directement sur les culées suivant des plans parallèles aux têtes.

Si l'on suppose la voûte partagée en trois parties, l'une centrale $A' B'' E' D''$ et les deux autres extrêmes $A^h B^h B'' A'$, $E^h D^h D'' E'$.— La partie centrale reposant sur les culées sur toute son étendue, se comportera comme une voûte droite. Celles extrêmes, nous ne prenons pour exemple que la tête $A^h S^v B^h$, auront une partie $A^h B^h B'$, qui pousse au vide et tend à être rejetée en dehors du plan de tête, qui sera absolument sans contrepression, une autre partie, celle $A^h B' B'' A'$ qui s'appuie sur le triangle $A^h A' H$ de la culée de l'angle aigu qui aura une contre pression insuffisante et de plus une poussée qui s'exercera sur l'angle aigu.

L'on voit que, dans les ponts biais, la plus grande partie de la poussée se reporte sur les angles aigus qui sont précisément les plus faibles. — Ainsi suivant $B'' A'$ la poussée au vide se compose de la partie de la poussée $A^h B' B'' A'$ et de la poussée totale $A^h B^h B'$, c'est donc suivant $B'' A'$ que la poussée est maxima et qu'il y a à craindre les lézardes du coté de l'angle aigu.

Cette poussée au vide ne peut être détruite par aucun appareil, mais, par une bonne disposition donnée aux voussoirs, en renforçant la culée aiguë, en employant de bon ciment de Portland au lieu de mortier ordinaire et en reliant entre eux par des goujons en fer les voussoirs aigus voisins des naissances ; on peut prévenir les lézardes et assurer la stabilité de la voûte.

La poussée au vide diminue successivement si on la suppose dans des plans qui en s'éloignant de la section droite se rapprochent de plus en plus de la section biaise.

Pl. I. Fig. 2bis — Si l'on conçoit une voûte dont les têtes biaises *A B* et *D E* soient suffisamment rapprochées l'une de l'autre, pour qu'une section *E G* normales aux génératrices de la section droite, sorte de la voûte de *G* en *M*, la plus grande contraction aura lieu suivant la diagonale *E A*.

Pl. I. Fig. 2 ter — Il semblerait résulter de là que le meilleur moyen d'appareiller les ponts biais serait de les composer d'une série de voûtes droites ou arceaux *S, S....* perpendiculaires aux têtes dont les poussées auraient lieu isolément et se reporteraient normalement sur les culées, mais dans ce système d'appareil l'intrados se trouverait disposé à ressauts par des angles saillants et rentrants, d'un effet peu flatteur à l'œil de l'observateur, c'est pour cette raison qu'on y a rarement recours et qu'on ne l'a employé jusqu'à ce jour que comme essai, quoiqu'ayant donné un bon résultat.

Nous avons traité le pont biais en admettant un cercle comme section droite et une Ellipse comme tête ou élévation verticale, il en serait de même pour les démonstrations en adoptant un cercle pour la tête biaise et une ellipse pour section droite, ou une ellipse pour la section droite et pour la tête biaise.

19.— Différents raccords d'une voûte dont les têtes seulement sont biaises et la partie centrale droite. Généralement on appareille une voûte complètement en biais, lorsque la distance entre les têtes n'est pas assez longue pour établir la partie centrale droite.

Comme on construit beaucoup de ponts avec les têtes biaises et la partie centrale droite, nous donnons Pl. III. Fig. 17 une douëlle développée figurant plusieurs dispositions avec raccordement en briques de la section biaise avec la section droite et aussi avec une chaine en pierre de taille ou moellons pour passer de la section biaise à la section droite.

Pl. VI. Fig. 27, 28. — **20. — Dimensions approximatives des diverses faces vues des voussoirs.** La face des voussoirs du bandeau de la tête d'une voûte, doit généralement être plus haute que large.

Les faces vues en douëlle doivent être plus longues que larges. Si on admet 0,40 pour la largeur intrados de la face de douëlle, il faut donner aux petites queues 0,50 au moins de longueur et aux grandes queues 0,70.

PL. II. Fig. 14. **21. — Voussoirs de retombée et voisins des naissances (hauteur des).** Dans les voûtes elliptiques, très biaises ou de grande ouverture, on donne souvent aux deux ou trois premiers voussoirs voisins des naissances, un peu plus de hauteur au bandeau en la faisant décroître depuis la naissance jusqu'au lit de pose du 3 ou 4° voussoir auquel on conserve la hauteur adoptée pour les voussoirs supérieurs, ce qui donne un plus bel aspect à la face de la voûte.

PL. III. Fig. 18. **22. — Taille des voussoirs.** Les panneaux de la face de tête, de la douëlle, de lit d'attente et de lit de pose d'un voussoir quelconque étant connus par l'épure, il s'agit de savoir les présenter sur la pierre pour bien faire les abattages et la taille.

Pour cela, après avoir choisi la pierre, on commence par bien dresser la face de tête A C B D. On présente alors le panneau de douëlle B D E F en ayant soin de faire coïncider l'arête intrados B D commune à ces deux panneaux de manière à connaître à peu près la position de la douëlle du voussoir.

On présente ensuite le panneau lit d'attente A B F G, en faisant bien coïncider l'arête A B commune à ce panneau et à celui de la face de tête. On trace sur la pierre l'angle α que fait le joint de face A B avec celui de douëlle B F ainsi que les limites B F, F G et G A du panneau.

On présente également le panneau lit de pose C D E I en faisant aussi bien coïncider l'arête C D commune à ce panneau et à celui de la face de tête. On trace sur la pierre l'angle β que fait le joint de face C D avec celui de douëlle D E, ainsi que les limites D E, E I et I C du panneau.

On ébauche ensuite la pierre suivant ces divers panneaux ou tracés, quand l'ébauche est assez avancée on représente les panneaux sur la pierre pour continuer la taille de plus près, de façon à faire coïncider aussi l'arête B F commune au panneau lit d'attente A B F G et au panneau de douëlle D E B F, et l'arête D E commune au panneau lit de pose C D E I et au panneau de douëlle D E B F.

(Les panneaux peuvent être découpés d'après l'épure, soit en zinc, soit en carton, le zinc est préférable).

Quand on taille un voussoir il est toujours prudent

delaisser en douëlle un peu de gras à la pierre (1) qu'on abat au moment de poser le voussoir sur le cintre, de cette façon on est certain du dégauchissement à faire pour que la face de douëlle du voussoir s'y applique bien exactement.

Nous pouvons malgré cela, presque assurer, lorsque l'épure a été bien faite, suivant les indications données ci-dessus et les panneaux découpés exactement; qu'on peut se dispenser de cette dernière précaution.

Pour la taille de l'extrados des voussoirs aigus et obtus et les angles aigus des extrémités des douëlles des voussoirs obtus, nous renvoyons aux nᵒˢ 16, 39, 40, et 41. Voir aussi le nᵒ 14 pour le dégauchissement de la douëlle.

Notons en passant que l'appareilleur doit s'attacher à trouver dans un même bloc de pierre, comme dans un parallélipipède dont la coupe est représentée par *A B C D,* un voussoir aigu et un voussoir obtus, ou bien, deux voussoirs aigus ou deux voussoirs obtus. de façon à avoir le moins de déchets possible en faisant les abattages obligés de l'extrados qu'on peut tailler à redents. (voir nᵒ 16 PL. VIII figures *35* et *36.*)

Les plans inclinés *f h* de l'intrados peuvent être obtenus par un sciage d'ébauchage en laissant assez de gras à chaque voussoir qu'on fera tomber lors de la taille définitive du dégauchissement de la douëlle.

Cette observation s'applique surtout aux ponts très biais.

C'est donc à la carrière et suivant les panneaux de l'épure, qu'il importe de savoir bien choisir la pierre convenable aux voussoirs pour opérer avec économie.

Il arrive souvent aussi qu'on trouve en carrière des blocs présentant aux extrémités des plans inclinés qu'on peut quelquefois bien utiliser avec peu de déchets, c'est ce qu'il ne faut pas perdre de vue.

23. — **Taille des crossettes:** Après avoir choisi la pierre de la longueur d'une crossette on commence par lui donner le profil de la coupe de section droite *dʳ dᵉ b oʳ eᵛ eᵛ* (Fig 10.) puis au moyen du panneau *a b a* de la douëlle développée qu'on présente en faisant coïncider les points extrêmes *a* (Fig. 9) on abat ce qu'il faut pour former les plans inclinés *b a* ou crémaillères.

Très souvent on taille 2 ou 3 crossettes dans une même pierre, surtout si les crémaillères sont peu

(Marginal notes:)

Croquis a Planche VI

PL. III. Fig. 9 et 10.

---

(1) Gras veut dire en terme d'appareilleur trop de pierre.
Maigre indique que la pierre a été trop dégrossie.

longues. On simule alors les joints de face sur la hauteur du cordon.

PL. I. Fig. 19.

24. — Régles gauches pour tailler la douëlle des voussoirs.

Soit *A B D E* le plan horizontal. — Au point *g* pris sur la génératrice d'axe *g g'*, on mènera sur la face du pont, la verticale *g V^v* et l'horizontale *g* a, l'angle α formé par cette horizontale et la génératrice est celui du biais de la voûte.

Si on remplace les trois lignes précitées, *gg'*, *g V^v* et *g* a, par des tringles en fer bien scellées entre elles au point *g* et qu'on fasse glisser tout le système de façon que les tringles *g V^v* et *g* a coïncident parfaitement avec la face de tête de la voûte, en conservant à la tringle *g V^v* sa position verticale et à la tringle *g* a sa position horizontale, dans ce mouvement, le point *g* glissant constamment le long de l'arête courbe de l'intrados des voussoirs de tête, la tringle *g g*, décrira la surface courbe de la douëlle intrados.

Pour opérer avec plus de facilité, il serait bon de prolonger la tringle horizontale de *g* vers *b*.

Voussoirs de tête. Lorsque la face d'un voussoir de tête est bien dressée et l'arête intrados bien découpée, on peut tailler la douëlle en opérant avec la règle gauche comme on vient de l'indiquer.

Voussoirs intermédiaires. — Si l'on voulait dégauchir séparément la douëlle des voussoirs intermédiaires avant leur mise en place, comme il arrive presque toujours que les faces extrèmes de ces voussoirs, ou autrement dit leurs faces antérieures et postérieures, ne sont pas parallèles à la face de tête du pont, ce qu'on reconnait aisément à l'inspection des joints de douëlle, c'est-à-dire, lorsque ces joints ne sont pas établis suivant des sinusoïdes parallèles à celles des têtes, il faudrait alors calculer ou mesurer l'angle du biais que fait l'une des faces extrêmes de ces voussoirs avec la génératrice du cylindre de section droite.— Cet angle connu, on établirait une nouvelle règle gauche avec laquelle on opérerait comme on l'a expliqué pour celle des voussoirs de tête.

L'angle du biais des voussoirs intermédiaires peut se prendre avec la génératrice et le joint de douëlle de la face postérieure du voussoir de tête, ce joint étant parallèle à tous les autres joints intermédiaires.

PL. IV. Fig. 20, 21, 22 et 23

25. — Tracé sur le plan horizontal et l'élévation verticale, des hélices intrados et

extrados et détermination des voussoirs intermédiaires et de leurs panneaux.

On complétera la douëlle développée en traçant les sinusoïdes des têtes KCF et MCN de l'extrados en suivant la même marche que pour celles intrados. (On suppose ici la voûte extradossée parallèlement à l'intrados de la section droite ou concentriquement.)

On déterminera comme pour la douëlle intrados les joints continus de l'extrados des cours des voussoirs, en portant sur chaque sinusoïde les développements de l'extrados de chaque voussoir de tête qu'on joindra par des droites, deux seulement de ces joints continus sont figurés, ce sont 7. K et 6. 1.

Fig. 20.   Comme on ne représente ici, pour plus de simplicité, qu'un seul cours de voussoirs, nous ne nous occuperons que des hélices formées par la série des voussoirs allant du voussoir de l'angle aigu n° 1 ou VII au voussoir obtus n° 7 ou 1.

Fig. 20 et 21   Les deux lignes de joints continus intrados et extrados, d'un même cours de voussoirs obtenues sur la douëlle $M N F K$, on déterminera sur le plan horizontal, par une série de points choisis à volonté sur ces lignes, les hélices intrados et extrados en projetant ces points comme on l'a indiqué n° **8**.

Fig. 20.   Dans les démonstrations qui suivent nous avons pris, pour plus de clarté dans les figures, le point a sur le joint continu intrados n° 2 et le point d sur le joint continu extrados n° 1 au lieu de prendre le point c sur le joint continu extrados n° 2.

Fig. 20 et 21.   *Exemple* — Des points, a pris sur le joint intrados, et d pris sur le joint extrados, on mènera des perpendiculaires sur les naissances $A D$ et $N F$ qu'on prolongera dans le plan horizontal, on reportera ensuite le développement $a m$ pris sur la douëlle intrados, sur la demi-circonférence $D^v C^v E^v$ de section droite de D^v en a^v et le développement $d m'$, pris sur la douëlle extrados, sur la demi-circonférence $F^v C^v K^v$ de F^v en d^v, et en abaissant des points a^v et d^v des perpendiculaires sur le diamètre $F^v K^v$ considéré comme ligne de terre, qu'on prolongera dans le plan horizontal jusqu'à leur rencontre avec les perpendiculaires $a m$ et $d m'$ prolongées, les intersections a^h et d^h de ces perpendiculaires donneront : a^h un point de l'hélice intrados et d^h un point de l'hélice extrados.

Tous les autres points s'obtiendront de même.

On projettera ensuite de la douëlle développée les extrémités $a b$, $i K$... des joints intermédiaires intrados de chaque voussoir, sur les hélices intrados du plan horizontal, par des perpendiculaires menées sur la naissance $A\ D$; les intersections a^h, b^h et i^h, K^h, de ces perpendiculaires étant jointes par des droites, donneront la position des joints discontinus intrados en plan.

Comme les faces contiguës de chaque voussoir doivent toutes être situées dans des plans verticaux, il s'ensuit que les joints intrados et extrados se confondent en plan (1); donc en prolongeant le joint $a^h\ b^h$ jusqu'à la rencontre des deux hélices extrados d'un même cours de voussoirs, on obtiendra le joint extrados $c^h\ d^h$, de même en prolongeant le joint $i^h\ K^h$ jusqu'à la rencontre des deux hélices extrados, on obtiendra le joint extrados $i^h\ o^h$.

Les hélices intrados et extrados et les joints intermédiaires des voussoirs obtenus sur le plan horizontal, on déterminera leur position sur l'élévation verticale de la voûte, en continuant l'opération comme on l'a expliqué au n° **8**.

Fig. 21 et 22. *Exemple.* — Des points a^h et d^h on abaissera sur la projection horizontale $A^h\ B^h$ de la tête biaise de la voûte, considérée comme *ligne de terre*, des perpendiculaires qu'on prolongera dans le plan vertical jusqu'au grand axe de l'ellipse en f' et g', on prendra alors sur le cercle intrados de section droite la hauteur du point a^v au diamètre $D^v\ E^v$, soit $f\ a^v$ cette hauteur, qu'on reportera sur l'élévation verticale de la tête biaise du pont de f' en $a^{.v}$, le point $a^{.v}$ donnera la projection verticale de l'un des angles intrados du *3e* voussoir.

Prenant ensuite sur le cercle extrados de section droite la hauteur du point d^v au diamètre $F^v\ K^v$, soit $g\ d^v$ cette hauteur, qu'on reportera sur l'élévation verticale de la voûte de g' en $d^{.v}$, ce dernier point donnera la projection verticale de l'un des angles extrados du même voussoir.

PL. IV. Tous les autres points $b^{.v}$ · $c^{.v}$ · $K^{.v}$ · $i^{.v}$ · $l^{.v}$ · $o^{.v}$, **voussoir détaché** s'obtiendront de même. (Ces points sont figurés sur **n° 3.** le voussoir n° *3* détaché.)

Nous n'avons figuré sur l'élévation que les points $a^{.v}$ et $d^{.v}$ et $c^{.v}$, $b^{.v}$, pour ne pas embrouiller la figure **22**.

En joignant entre eux :

PL. IV. 1° Les points $a^{.v}$ et $b^{.v}$, · $i^{.v}$ et $K^{.v}$ on aura la **Voussoir n° 3** douelle intrados du voussoir; **détaché.**

---

(1) Toute figure plane située dans un plan vertical se projette entièrement et horizontalement suivant la trace du plan.

2° Les points c^v et d^v, - l^v et o^v on aura l'extrados du voussoir;

3° Les panneaux lit de pose et lit d'attente s'obtiendront en élévation verticale en unissant entre eux les points b^v d^v, - K^v o^v et les points a^v c^v, i^v l^v.

Fig. 20 et 21. Si on voulait obtenir sur la douëlle développée les joints intermédiaires c^h d^h et l^h o^h de l'extrados des voussoirs, il suffirait de projeter ces joints du plan horizontal sur la douëlle par des lignes perpendiculaires aux naissances jusqu'à l'intersection des joints continus correspondants et joindre entre eux par des droites c d et l o les points d'intersection obtenus.

Fig. 22. Les faces de douëlle intrados et les joints des voussoirs intermédiaires, lit de pose et lit d'attente, obtenus sur l'élévation verticale, on opérera comme on l'a déjà expliqué pour les voussoirs de tête pour déterminer les panneaux lit de pose et lit d'attente de *Voussoir déta-* chaque voussoir intermédiaire. C'est-à-dire, qu'on opé- *ché n° 3.* rera sur les joints intermédiaires K^v o^v et i^v l^v comme on l'a fait sur les joints de face (voir n° **9**).

On trouvera tous les points nécessaires pour tracer sur l'élévation verticale, les hélices intrados et extrados et les joints intermédiaires de la série d'un même cours de voussoirs en opérant comme on vient de l'indiquer pour le voussoir intermédiaire n° *3*.

PONTS TRÈS-BIAIS

—

(suite de l'appareil hélicoïdal).

26. — Ce traité serait incomplet si on le terminait sans indiquer les moyens de recouper la partie aiguë de la culée et du cordon, d'établir les chanfreins des voussoirs aigus, de renforcer la queue ou face postérieure des voussoirs obtus et leurs extrados vers la face de tête.

(On suppose ici la douëlle intrados et les joints continus tracés comme on l'a expliqué précédemment.)

Pl. V. Fig. 24. **27. — Recoupe de la culée aiguë.** — Généralement on donne à cette recoupe la forme d'un triangle isocèle.

La largeur du pan-coupé étant arrêtée on trouvera par calculs les côtés de la recoupe comme on l'indique au paragraphe *14* du n° **44**.

Lorsqu'on ne connait que la longueur de la recoupe on obtiendra graphiquement le pan-coupé ou le chanfrein en décrivant du point A^h extrémité du grand axe $A^h B^h$ de l'ellipse primitive $A S^v B$ et avec une ouverture de compas égale à la longueur de la recoupe, un arc de cercle coupant en C^h le parement de la culée et en E^h celui du mur en retour. — En joignant ces deux points par une droite on aura le chanfrein $C^h E^h$. — La recoupe sera donnée par le triangle isocèle $A^h C^h E^h$.

PL. VI. Fig. 33.   On peut donner aux pierres d'angle de la culée aiguë la forme de la figure 33 adoptée pour un pont biais à 27° et courbe à 150m de rayon construit à Rouen sous la route du Hâvre, communiquant du Champ-de-Mars au quai de la Seine.

PL. V. Fig. 24.   **28. — Projection horizontale de la recoupe et du chanfrein des voussoirs, côté de l'angle aigu.** — En joignant par une droite le point C^h au point D^h milieu du grand axe de l'ellipse primitive, on obtiendra le triangle $C^h D^h E^h$ pour la projection horizontale de la recoupe et du chanfrein des voussoirs aigus.

PL. V. Fig. 24 et 26.   **29. — Demi-grands axes des ellipses du chanfrein sur l'élévation.** — En projetant du plan horizontal, le point C^h, sur le grand axe de l'ellipse de tête en C et le point E^h en E les droites $D C$ et $D E$ seront les demi-grands axes des nouvelles ellipses appartenant au chanfrein.

PL. V. Fig. 26.   **30. — Tracé des parties d'ellipses du chanfrein.** — On construira, comme on l'a déjà indiqué, deux parties d'ellipses avec $D C$ et $D E$ comme demi-grands axes et $D S^v$ comme demi-petit axe commun — Ces parties d'ellipses accuseront le chanfrein $E S^v C$ des voussoirs aigus et la recoupe de ces voussoirs sera alors figurée par $E C S^v A$.

PL. V. Fig. 26.   **31. — Bandeau de tête (tracé du).** — On mènera des points de division intrados des voussoirs des normales $K^v h^v$ à l'ellipse primitive $A S^v B$, sur lesquelles on indiquera à partir de la demi-ellipse de tête $E S^v$ appartenant au chanfrein, des longueurs $t^v h^v$ égales aux joints de face des voussoirs, côté de l'angle obtus, en joignant les extrémités h^v, h^v..... de ces longueurs égales par une courbe continue on aura l'ellipse extrados du bandeau de tête des voussoirs aigus.

PL. V. Fig. 24 et 25   **32. — Tracé de la demi-sinusoïde du chanfrein.** — En prolongeant dans le plan horizontal, les perpendiculaires p^v, p^v, p^v..... abaissées des points de division de la demi-circonférence du cercle de section droite sur le biais $A^h D^h$, jusqu'à leur rencontre sur le biais $C^h D^h$, en g, g, g....... et en menant de ces points g des parallèles $g o$, $g o$, $g o$....... au diamètre $B^h H$ du cercle, les intersections de ces parallèles avec les perpendiculaires p, p, p..... abaissées du prolongement $b d$ du diamètre de section droite, pour la construction de l'ellipse primitive, donneront sur la douélle développée tous les points o, o, o..... de la nouvelle demi-sinusoïde $C d$, appartenant à la recoupe et au chanfrein des voussoirs aigus.

PL. V Fig. 25. **33. — Longueurs des voussoirs aigus sur la douélle développée.** On les obtiendra en mesurant sur le milieu de chaque voussoir, à partir de la nouvelle demi-sinusoïde $C d$ appartenant au chanfrein, des longueurs égales à celles L et l relevées sur les voussoirs de petites et de grandes queues, côté de l'angle obtus.

34. — Projections verticales de la queue des voussoirs. *(Voir* n° **8.)**

PL. V Fig.25 et 26. *Voir aussi* PL. VI. Fig. 27 *pont biais à 27° pour le voussoir en élévation.)* **35. — Tracé des panneaux des voussoirs aigus.** — On obtiendra ces panneaux comme on l'a déjà expliqué au n° **9** en opérant sur l'ellipse primitive $A S^v B$.

Exemple. — **12° voussoir.** — Voir aussi le voussoir détaché de même numéro. — De l'angle g^v de la queue du voussoir en élévation, on mène une perpendiculaire sur la ligne de face $h^v t^v$, du point K^v et avec une ouverture de compas égale au joint $K' g$ pris sur la douélle développée, mesuré à partir de l'ellipse primitive, on décrit un arc de cercle, le point g où cet arc de cercle coupe la dite perpendiculaire, ramenée dans le plan de la face, étant joint au point K^v donnera avec la ligne $K^v h^v$, l'angle $g K^v h^v$ que fait le joint de face avec celui de douélle.

En joignant le point g au point h^v on aura $g h^v$ pour la diagonale du panneau.

L'autre panneau ayant été déterminé de même, en prenant sur la douélle développée les largeurs $K o$ et $K' o'$ du chanfrein, qu'on reportera sur les panneaux de K^v en o et de K^v en o' et en joignant les points o et o' aux points t^v et t^v situés sur l'ellipse de tête $E S^v$ appartenant au chanfrein des voussoirs, on aura sur les panneaux les chanfreins ou la recoupe à faire aux voussoirs aigus de la tête de la voûte.

Il est bon d'observer ici qu'il est toujours prudent, lors de la taille des voussoirs, d'établir les chanfreins, en y laissant un peu de gras qu'on fera tomber au ravalement afin d'obtenir une surface bien réglée.

(36). — **Voussoirs obtus.** — On obtiendra les panneaux de ces voussoirs comme on l'a indiqué au n° **9.**

PL. VI. Fig. 29. **37. — Recoupe de la partie aiguë du cordon.** — On donne au cordon la même saillie (*0, 10* par exemple) sur le nu du mur de la culée, (côté de la voûte) et sur le nu du parement de l'élévation.

De l'angle aigu a et avec une certaine ouverture de compas on décrit un arc de cercle coupant les arêtes du cordon de façon à obtenir un pan-coupé d'une largeur double environ de la saillie précitée ; le point *b* où cet arc de cercle coupe l'arête, côté de la voûte, étant joint par une droite au point *c* où ce même arc de cercle coupe l'arête, vers l'élévation de la tête, donne la recoupe a *b c*.

En joignant par des droites les points *g* et *h* de la naissance du chanfrein de la voûte aux points *b* et *c* de l'arête inférieure du glacis du cordon, on obtient les inclinaisons *g b* et *h c* du pan coupé du cordon au droit même de la naissance du chanfrein.

PL· VI. Fig. 30. **38. — Premier voussoir aigu réuni à une ou plusieurs crossettes.** — Quand les voûtes sont très-biaises, il est indispensable pour la stabilité de l'ouvrage, de réunir la première crossette et même les deux premières crossettes avec le premier voussoir aigu et de donner à cette pierre la forme indiquée par des hachures sur la douëlle développée.

Les joints du voussoir et des crossettes ne sont alors que simulés.

PL. V. Fig. 24. Sur la douëlle développée, fig. 25, PL. V, on représente par des hachures le voussoir aigu de la naissance réuni aux deux premières crossettes et au cordon y correspondant, en ne supposant pas de recoupe au voussoir.

On n'a indiqué sur cette figure à petite échelle que les projections et tracés strictement nécessaires aux démonstrations précédentes n° **28** à **36**, pour ne pas surcharger la figure en ce qui concerne la recoupe du cordon.

PL. VI. Fig. 30. La figure 30, PL. VI, donnant le voussoir aigu de la naissance réuni aux deux premières crossettes et au cordon y correspondant, avec la recoupe, le chanfrein et toutes les projections nécessaires pour les déterminer, peut donc être regardée de même que la fig. 31 PL. VII et la fig. 27, PL· VI, comme la suite de la fig. 25 quoique n'appartenant pas à un pont biais d'un même nombre de degrés.

Pl. VI. Fig. 28.
Pl. V. Fig. 26
(roussoir).
39. — **Renforcement de la partie trop aiguë à l'extrémité de la douëlle des voussoirs obtus.** — Lorsque sur le vu des panneaux primitifs $h^v t^v g g'$ on reconnaît que la queue $g^v g^v$ d'un voussoir présente en douëlle un angle $t^v g g'$ trop aigu et susceptible de se briser, on parera à cet inconvénient en élevant, du point g de chaque panneau une perpendiculaire $g p$ au joint $t^v g$ de douëlle de 0,12 à 0,15 de longueur sur l'extrémité de laquelle on mènera une parallèle $p p'$ au joint de face $t^v h^v$, puis on achèvera les panneaux en menant de p' ou de m une parallèle $p' n$ à $g' h^v$ (voir n° **40**).

Cela revient à élever de l'extrémité $g^v g^v$ de la face de douëlle du voussoir un plan perpendiculaire $g^v g^v p^v p^v$ de 0,12 à 0,15 de longueur et à mener sur ce plan un autre plan vertical $p^v p^v p'^v p'^v$ parallèle à la face postérieure primitive du voussoir, c'est-à-dire, parallèlement aux arêtes de queue $g g'$ des panneaux primitifs lit de pose et de lit d'attente.

Pl. VI. Fig. 28
et Pl. V. Fig. 26
(6° voussoir.)
40. — **Renforcement de la partie trop aiguë vers la face de tête à l'extrados des voussoirs obtus.** Pour éviter que l'extrados d'un voussoir obtus soit terminé vers la face de tête par une partie trop aiguë, on mènera de l'extrados $h^v h^v$ un plan $h^v h^v m m$ perpendiculaire à cette face sur 0m 25 ou 0m 30 de profondeur; du point m appartenant à l'arête de *chaque* nouveau panneau on mènera une parallèle au joint de douëlle $g t^v$ ou au joint extrados $g' h^v$ du panneau primitif, coupant en n les joints de face $t^v h^v$ prolongés et en p' les joints $p' p$ de la queue renforcée. (Voir n° **39**.) — Cette disposition a pour but, ainsi qu'on l'a dit n° **16** de donner une bonne assise au mur de tête afin de préserver les voussoirs de la poussée au vide et d'éviter des bris ou fissures vers les faces de tête.

— ÉPURES D'UN PONT BIAIS A 27°

Pl. VI. Fig. 27
28, 29, 30,
33 et 34.
Pl. VII.
Fig. 31, et 32
41. Nous donnons à l'échelle de 0,05 par mètre (au $\frac{1}{20}$) une partie des épures d'un pont Courbe à 150 mètres de rayon, de 4m d'ouverture droite, en plein cintre, (1) avec têtes biaises à 27° et 40° cons-

---

1) Dans les voûtes de même ouverture, les angles des panneaux, des voussoirs des naissances et voisins des naissances, formés par les joints de tête et les joints de douëlle, se rapprochent plus de l'angle droit dans une voûte surbaissée que dans une voûte en plein cintre et s'y rapprochent d'autant plus que les voûtes sont plus surbaissées et moins biaises. Ceci montre qu'une voûte surbaissée présente moins de difficulté à appareiller qu'une voûte en plein cintre, les voussoirs des naissances étant moins aigus et par conséquent plus faciles à tailler.

PL. VIII.
Fig. 35 et 36

truit sous la route du Hâvre, pour la voie ferrée du port, à Rouen.

PL. VI
Fig. 29 et 30
PL. VIII.
Fig. 38 et 39.

La tête, côté de la Seine, celle à 27°, présente 8, 8108 d'ouverture pour le grand axe de l'ellipse. primitive, la culée aiguë qui aurait présentée un angle très susceptible de se briser à été recoupée en pan-coupé de 0, 084 de largeur et 0, 18 de longueur, ce qui a conduit à établir un chanfrein à la voûte ayant à la naissance aiguë 0, 084, même largeur que le pan coupé de la culée, et finissant à zéro à l'axe du voussoir de clef.

Le demi-grand axe de l'ellipse de face du chanfrein à donc $\frac{8\,8108}{2}$ + 0, 18 soit 4 5854.

La tête vers le champ de Mars est biaise à 46°.

Les raccordements des têtes biaises avec la partie centrale sont faits en briques.

La partie centrale est entièrement en briques.

PL. VI. Fig. 30.

La tête biaise à 27°, celle dont nous nous occupons, est composée de 27 voussoirs en pierre de roche dure, de chacun 0, 3833 de largeur, joints compris, donnant ensemble un développement de 10ᵐ 35 pour l'ellipse primitive intrados de tête.

PL. VI. Fig. 30.
PL. VIII.
Fig. 39.

Les longueurs des voussoirs en douëlle, ont; 0 50 pour les petites queues et 0 70 pour les grandes queues, mesures prises sur le milieu de chaque panneau.

Nous donnons, à la fin de cette partie, les calculs qui nous ont conduit à considérer l'appareil comme droit (voir nº 42) et à déterminer les dimensions des pierres de taille de la voûte à 27° (voir nº 44) ces calculs ne sont que de simples résolutions trigonométriques et ne sont reproduits ici que pour les agents des travaux désignés à faire les études au bureau.

PL. VI.

La Fig. 29 représente une partie du plan horizontal.

La Fig. 30 une partie de la douëlle développée.

PL. VII.

La Fig. 31 le voussoir de l'angle aigu de la naissance de la voûte.

La Fig. 32. le voussoir de l'angle obtus de la naissance de la voûte.

PL. VI. et VIII.

Les Fig. 27 et 35 le voussoir aigu nº 0 du bandeau de la tête.

Les Fig. 28 et 36 le voussoir obtus nº 22 du bandeau de la tête.

PL. VI. ⟨ La Fig. 33 les pierres d'angle de la culée aiguë.
⟩ La Fig. 34 les pierres d'angle de la culée obtus.

PL. VII. Fig. 31 et 32.

On voit à l'inspection des figures 31 et 32 que les voussoirs aigus et obtus des naissances ont été renforcés par le plus de pierre possible disposée de façon à faire partie des murs en retour, qu'en dehors des lits d'attente, la taille supérieure à été faite horizontalement, c'est-à-dire, parallèlement aux naissances de la voûte afin d'obtenir une bonne assise.

On a refouillé la partie M de chacun de ces voussoirs sur toute leur hauteur à partir du dessus du cordon, sur 0 12 de profondeur seulement sur la face des murs en retour. pour démaigrir ces pierres le moins possible afin d'y poser les assises de briques du parement vu avec des demi-boutisses (briques coupées en deux) et des panneresses.

On a réuni à ces pierres le cordon pour leur donner plus de largeur à la base et par conséquent plus de solidité. Elles sont enfin terminées par des plans verticaux menés perpendiculairement aux faces mêmes des parements des culées et des murs en retour.

PL. VII. Fig. 31 (Voir aussi Fig. 29. PL. VI.

Au voussoir aigu l'intersection de ces plans verticaux perpendiculaires aux faces des parements, à lieu à l'angle intérieur de la 3e crossette y contigue.

Cette figure vue en douëlle indique aussi que le voussoir aigu de la naissance est réuni aux deux crossettes voisines de ce voussoir et à la partie du cordon y correspondante.

PL. VI. Fig. 30.

Pour ne pas trop réduire la force de ce bloc on n'a pas fait en douëlle le refouillement de la partie N située au dessus des deux premières crossettes, destinée aux assises courantes de briques qui devaient aboutir à la queue ou face vue de la 1re crossette et n'eussent figurées là que comme un placage sur 0 12 de profondeur, sans aucune résistance à l'avantage de ce bloc.

On a fait le refouillement de la partie P sur 0 12 de profondeur, pour donner à la pierre vue en douëlle un profil convenable.

Les voussoirs aigu n° 6 et obtus n° 22 sont donnés avec leur extrados à redents.

PL. VIII. Fig. 35.

Voussoir aigu n° 6. On a d'abord mené à partir de l'extrados de la face de tête, un plan a b c d perpendiculaire à cette face accusant la courbure du bandeau sur 0,25 de profondeur, puis on a élevé le plan vertical c d v u, afin d'obtenir l'entaille nécessaire pour com-

mencer à monter sur cette partie le mur en briques
de la tête de la voûte, la partie postérieure à cette
entaille à été taillée en 4 redents, ayant les faces
$u t h g$, $f i j v$ et $o p q m$, $l r s K$, horizontales ou
parallèles au plan des naissances de la voûte; les
autres faces de côté $g h f i$, $q m l r$ de ces redents
sont verticales ou perpendiculaires sur les précédentes.

PL. VIII.
Fig. 36

Voussoir aigu n° 22. Le plan perpendiculaire à
la face (de tête à) été mené sur la largeur $a b c h$. En
$c h$ on a élevé un plan vertical et établi sur $c h i m$
les 2 redents $c m d l f K$ et $K f g j i h$, puis on a
descendu le plan vertical $m n i$ de façon à établir un
seul redent partant à zéro des points i et p, et finissant en n, o.

Les faces supérieures $g j f K$, $d l c m$ et $i p o n$
de ces redents sont horizontales ou parallèles aux
naissances de la voûte. Les autres faces de côté $f K l d$
et $h i g j$ sont verticales ou perpendiculaires sur les
précédentes.

Ces dispositions qui paraissent assez compliquées
en dessin sont très simples en exécution.

Nous laissons l'appareilleur libre d'établir ces
redents comme il l'entendra, suivant qu'il pourra
laisser plus ou moins de pierre à l'extrados des
voussoirs.

**42. — Calculs qui ont conduit lors de la
taille des pierres à ne pas tenir compte de la
courbure de la voûte.**

PL. VIII.
Fig. 37
(Croquis N° 1)

Soient : $A B$ la projection horizontale de l'ellipse
intrados de la tête biaise à 27°, $A D$ et $B E$ les
lignes des naissances et $G H$ l'axe longitudinal de la
voûte supposée droite.

Par le point C, intersection du biais de la tête
avec l'axe longitudinal on élève sur $G H$ une perpendiculaire indéfinie sur laquelle on prend, à 150m de la
dite intersection, un point O duquel on décrit, comme
centre et avec $O C$ pour rayon l'arc de cercle $g C h$,
représentant l'axe longitudinal de la voûte en courbe,
en sorte que la droite $G H$ se trouve tangente en C
à l'axe longitudinal courbe de la voûte sur le milieu
du biais $A B$.

L'ouverture de la section normale de la voûte
étant de 4m on décrit du centre O et avec les rayons
$O I$ de 148m et $O J$ de 152m deux nouveaux arcs de
cercle, $N I V$ et $K J M$, figurant les naissances en
courbe, tangents en I et J aux droites $A D$, $J E$.

On prolonge ensuite le biais $A B$ jusqu'à sa

rencontre en N avec la naissance de la voûte en Courbe d'après cette figure on trouve :

PL. VIII.
Croquis 1 et 2

$$(Flèche\ f);\quad \overline{152}^2 - \overline{3.0252}^2 = \overline{d}^2$$

$$d = \sqrt{\overline{152}^2 - \overline{3.0252}^2} = 151^m\ 949$$

d'où flèche $f = 152.00 - 151^m\ 949 = 0^m\ 051$

$$(Flèche\ f');\quad \overline{148}^2 - \overline{3.0252}^2 = \overline{d}^2$$

$$d' = \sqrt{\overline{148}^2 - \overline{3.0252}^2} = 147^m\ 947$$

d'où flèche $f = 148.00 - 147^m\ 947 = 0^m\ 053$

PL. VIII.
Croq. 1 et 3.

Trouver x. En supposant que la partie $M\ m$ de la corde se confonde avec la partie correspondante de l'arc de cercle, ce que l'on peut admettre sans erreur possible, on a, en comparant les triangles semblables $H\ B\ C$ et $m\ B\ M$:

$$2.00 : 4.4054 :: 0,051 : x$$

$$x = \frac{4.4054 \times 0.051}{2.00} = 0.1123$$

PL. VIII.
Croquis 1

Trouver x', ou $N\ A$. Il faut d'abord chercher l'angle α et le côté $N\ C$ du triangle $O\ N\ C$.
Angle α.— sinus 63° : sinus α :: $148^m\ 00 : 150^m\ 00$,

d'où sinus $\alpha = \dfrac{sinus\ 63^\circ \times 150^m}{148^m} = 64^n\ 33'\ 41''$

L'angle α étant plus grand que 90°, cet angle est donc égal au sinus du supplément ou a

$$179^\circ\ 59'\ 60'' - 64^\circ\ 33'\ 41'' = 115^\circ\ 26'\ 19''$$

Angle $\beta = 180^\circ - (115^\circ\ 26'\ 19'' + 63^\circ) = 1^\circ\ 33'\ 41''$

$N\ C$.— Sinus β : sinus 63° :: $N\ C$: 148^m

ci $NC = \dfrac{sinus\ 1^\circ\ 33'\ 41'' \times 148}{sinus\ 63^\circ} = 4^m\ 5260.$

d'où x' ou $N\ A = 4.5260 - 4.4054 = 0.1206$

PL. VIII.
Croquis 1 et 4

Trouver $N\ b$.— R : sinus $1^\circ\ 33'\ 41''$ :: $148 : N\ b$

d'où $N\ b = \dfrac{sinus\ 1^\circ\ 33'\ 41'' \times 148}{R} = 4.0327$

Flèche $b\ I$. Dans le triangle $O\ N\ b$ on a :

$$\overline{148}^2 - \overline{4.0327}^2 = b\ \overline{O}^2$$

$$b\ O = \sqrt{\overline{148}^2 - \overline{4.0327}^2} = 147.943.$$

d'où flèche $b\ I = 148^m - 147.943 = 0.057.$

VIII. Croquis 1
et 4.

Développement $N\ I$:

$$360^\circ : 1^\circ\ 33'\ 41'' :: 148 \times 2 \times 3.14159 : arc\ N\ I.$$

$$1296000'' : 5621'' :: 929.91064 : N\ I.$$

$$arc\ N\ I = \frac{5621'' \times 929^m\ 91064}{1296000''} = 4.0332$$

VIII. Croquis 3   *Trouver Mm.-*   En comparant les triangles semblables $H\,C\,B$ et $m\,M\,B$ on a:

$$3.0252 : 2.00 :: M\,m :: 0.051$$

d'où $M\,m = \dfrac{3.0252 \times 0.051}{2.00} = 0.1001$

VIII. Croquis 1   *Trouver I S.-* $IS = I\,d - M\,m$

$$IS = 3.0252 - 0.1001 = 3.8251$$

Développement I V.-   Il faut d'abord trouver l'angle β'

$$R : \text{sinus } \beta'. :: 148.00 : 3.8251$$

$$\text{sinus } \beta' = \frac{R \times 3.8251}{148,00} = 1^\circ\,28'\,52''$$

Développement IV.-

$$360^\circ : 1^\circ\,28'\,52'' :: 148 \times 2 \times 3.14159 : \text{arc } I\,V$$

$$1296000'' : 5332'' :: 920.01064 : I\,V$$

d'où développement $I\,V =$

$$= \frac{5332'' \times 920^m\,01064}{1296000''} = 3.8259$$

PL. VIII   Des calculs qui précèdent on obtient;
Croquis 1   *pour le grand axe N M de l'ellipse de la tête biaise, voûte en courbe* .... $8^m\,8192$
et pour le grand axe A B de l'ellipse de la tête biaise, voûte droite 8.8108

Différence 0.0084

En présence de cette faible différence de 0.0084 entre les grands axes des ellipses de tête précitées, on a admis, pour plus de simplicité dans les calculs, l'appareil de la voûte droit, lequel ne donne pour différence en moins, que 0.013 pour la longueur de la sécante de la sinusoïde et $0,0087$ pour la longueur de la partie droite $A\,I\,D$ comparée avec le développement de l'arc $N\,I\,V$.

Le croquis que nous donnons (fig. 37) est exagéré comme courbes afin de pouvoir bien suivre les calculs.

PL. VIII.   **43. — Implantation sur le terrain de la**
Croquis n° 1.   **tête du pont.** La direction de la tête biaise étant repérée par 2 piquets, on a cherché l'intersection C de cette direction avec l'axe longitudinal courbe $g\,C\,h$, de l'intersection C on a mené une tangente $G\,C\,H$ à la courbe d'axe faisant avec la tête biaise un angle de 27°, puis on a pris de G en N une longueur de $4^m\,5260$ et de G en M une longueur de $4^m\,2932$, les points M et N ont donné les extrémités du grand axe de l'ellipse intrados de la tête de la voûte. — Ceci montre que le milieu du grand axe de l'ellipse de tête n'est pas situé sur l'axe longitudinal du pont et en est éloigné vers $G\,N$ de $4.5260 - \dfrac{8.8192}{2} = 0.1104$.

44. — Dimensions principales de la tête biaise à 27° et des pierres de taille.

1° *Ouverture normale du pont* (section droite)............................ 4^m 00.

2° *Courbure du pont.* Rayon de l'axe longitudinal........................ 150^m 00.

3° *Longueur du pont entre têtes, sur l'axe longitudinal* .... 58^m 085.

4° *Développement de la demi-circonférence de section droite* $4 \times \dfrac{3.14159}{2} = 6^m\ 28318$

5° *Angle du biais.* Tête côté de la Seine.... 27°.

PL. VIII. Croq. 5.   6° *Triangle d'obliquité.* Étant donnés l'angle 27° et le côté *B D* opposé de 1^m00, trouver les deux autres côtés.

Hypothénuse A B. — *R* : sinus 27° : : *A B* · *1.00*

$$A B = \frac{R \times 1.00}{\text{sinus } 27°} = 2.2027$$

Côté de l'angle droit A D. —

R : Tang. 27° : : *A D* : 1^m 00

$$A D = \frac{R \times 1.00}{\text{Tang. } 27°} = 1,9626$$

Ce triangle sert à résoudre par proportions bien des dimensions qu'on ne pourrait, sans cela, obtenir que par des calculs trigonométriques.

PL. VIII   7°. *Longueur de la partie de la culée appa-* Fig. 38 et 39.   *reillée en biais coté de l'angle aigu.-* Cette longueur est de 6^m 874 mesurée à partir de l'angle aigu *d*. Elle répond à 14 crossettes de 0^m 491 ; la partie *dg* recoupée de 0.18 (Voir croquis 8 et PL. VI fig. 29 et 30.) étant prise sur la 1re crossette il ne reste pour la longueur du bloc *bcKlm* composé du 1er vous soir aigu et des deux premières crossettes, que 0^m 491 — 0^m 18 + 0^m 491 = 0^m 802, mais si à ce nombre on ajoute les 0^m 18 qui ont aussi été admis pour la saillie du cordon, faisant partie dudit bloc, on trouve 0^m 982.

Si de 6^m 874 on retranche le chanfrein 0.18 il ne reste pour la longueur comptée en deçà de ce chanfrein, c'est-à-dire, du point *g* jusqu'à la limite de la partie biaise avec la section droite que 6^m 694.

PL. VIII.   8° *Longueur de la partie de la culée appa-* Fig. 38 et 39   *reillée en biais, coté de l'angle obtus* cette longueur de 14^m 7244 se compose; de 6^m 874 ci-dessus indiqués, plus de 7^m 8504, trouvés ci-après pour le côté du triangle rectangle dont l'hypothénuse représente le grand axe de l'ellipse primitive. Elle répond à *30* crossettes de *0ᵐ491*, soit *14ᵐ73* pour la longueur de la culée mesurée depuis l'angle obtus jusqu'à la limite de la partie biaise avec celle de la partie droite.

Nous ferons remarquer que le voussoir n° *27*, celui obtus de la naissance, qui a en douëlle la forme d'une crossette, prend sur la longueur précitée *0,551* au lieu de *0,491*; pour racheter la différence *0,551-0,491 = 0,00* on a fait varier de quelques centimètres en moins les trois crossettes suivantes :

PL. VIII.
Croquis 6.

9° Longueur du grand axe de l'ellipse primitive (projection A B de la face de la tête biaise de la voûte).

Par le triangle d'obliquité :

$$1.00 : 2.2027 :: 4.00 : BA$$

$$BA = \frac{2,2027 \times 4.00}{1.00} = 8.8108$$

Par logarithmes :

$$R : Sin\ 27° :: AB : 4.00$$

$$AB = \frac{R \times 4.00}{Sin.\ 27°} = 8.8108$$

10° Longueur du côté DA du triangle rectangle dont l'hypothénuse représente le grand axe de l'ellipse primitive.

Par le triangle d'obliquité :

$$1.00 : 1.9626 :: 4.00\ DA$$

$$DA = \frac{1.9626 \times 4.00}{1.00} = 7.8504$$

Par logarithmes :

$$R : Tang.\ 27° :: AD : 4.00$$

$$AD = \frac{R \times 4.00}{Tang.\ 27°} = 7.8504$$

PL. VIII.
Croquis n° 7.

11° Longueur de la sécante de la sinusoïde primitive.

Trouver l'angle α

$$R : Tang\ α :: 7.8504 : 6.28318$$

$$Tang\ α = \frac{R \times 6.28318}{7.8504} = 38°\ 40'\ 19''$$

Sécante *AB.* $R : Sin\ 38°\ 40'\ 19'' :: AB : 6.28318$

$$AB = \frac{R \times 6.28318}{Sin\ 38°\ 40'\ 19''} = 10.052$$

PL. VIII.
Croquis n° 8.

12° Recoupe de la culée aiguë. — On a admis *0.18* pour la longueur de cette recoupe; tant du côté de la rc le que du côté du mur en retour, ce qui lui donne la forme d'un triangle isocèle.

PL. VIII.
Croquis n° 8.

·13° *Largeur du pan-coupé g h de la culée aiguë.* — En retranchant l'angle 27° de 180°, somme des angles du triangle *d g h*, il reste 153°, dont la moitié est de 76° 30' pour chacun des angles *g* et *h*. Trouver *g h*. Sinus 27° : Sinus 76° 30' :: *g h* : 0.18

$$g h = \frac{\text{Sinus } 27^\circ \times 0.18}{\text{Sinus } 76^\circ 30'} = 0.084$$

PL. VIII.
Croquis n° 8.

14° *Trouver la longueur des arêtes égales d h et d g de la recoupe de la culée aiguë, étant donné le pan-coupé de 0 084.* (Vérification de la longueur 0^m18 admise ci-dessus § 12°).

Sinus 76°30' : Sinus 27° :: *d g* : *gh*
Sinus 76°30' : Sinus 27° :: *d g* : 0.084

$$d g = \frac{\text{Sin. } 76^\circ 30 \times 0.084}{\text{Sin. } 27^\circ} = 0.17998 \text{ soit } 0^m18$$

15° *Recoupe du cordon de la culée aiguë.* (Longueur des arêtes *a b*, *a c*).

R : Tang. 13°30' :: *a b* : *b d*.   (*b d* = 0.10)

$$a b = \frac{R \times 0.10}{\text{Tang } 13^\circ 30'} = 0.41653 = a c$$

16° *Largeur du pan-coupé b c du cordon.*
R : Sin. 76°30' :: 0.10 : *c g*

$$c g = \frac{\text{Sin. } 76^\circ 30' \times 0.10}{R} = 0.09724$$

$$b c = 2 c y = 0.09724 \times 2 = 0.19448.$$

PL. VIII.
Croquis n° 9.

17° *Distance entre la projection a' du sommet de l'angle a de la culée obtus et le point b, intersection des arêtes du cordon de la culée et du mur en retour.*

$$180^\circ - 27^\circ = 153^\circ$$
$$\frac{153^\circ}{2} = 76^\circ 30'$$

R : Tang 76°30' :: *b a'* : *a' a*   (*a' a* = 0.10)

$$b a' = \frac{R \times 0.10}{\text{Tang } 76^\circ 30'} = 0.024$$

(0.10 représente la saillie du cordon sur le nu du mur de culée.)

PL. VIII.
Croquis n° 10
et PL. VI.
Fig. 30.

18° *Crossettes.* — Angle de 38°40' 19" (angle b.) Les joints des queues des voussoirs étant menés parallèlement à la sécante de la sinusoïde ainsi que les joints *a b* des crossettes; l'angle *b* des crossettes est donc le même que celui que fait la sécante de la sinusoïde avec l'arête du nu du mur de la culée, soit *38° 40' 19''*.

L'angle *a* étant droit = 90°
L'angle *c* égale 180° — (38°40'19'' + 90°) = 51°19'41''

19° *Longueur du joint a b de la crossette correspondant à la queue de chaque voussoir de tête.*

Ce joint a même largeur que celui de la queue du voussoir correspondant, soit *0.3833*.

PL. VIII.
Croquis n° 11.

20° *Longueur de la base d'une crossette.*

R : Sinus 51° 19' 41'' :: bc : 0.3833

$$bc = \frac{R \times 0.3833}{Sin.\ 51°\ 19'\ 41''} = 0.490491,\ \text{soit } 0.491$$

Croq. 10.

21° *Hauteur depuis le sommet a de la crossette jusqu'au dessus du cordon à la naissance de la voûte en d.*

R : Sin. 38° 40' 19'' :: 0.3833 : ad

$$ad = \frac{Sin.\ 38°\ 40'\ 19''\ \times\ 0.3833}{R} = 0.23951.$$

PL. VIII.
Croquis n° 12.

22° *Angle α opposé à la hauteur a d ou au développement a f de la crossette.*

R : Sin. α :: 2.00 : 0.23951

$$Sin.\ α = R \times \frac{0.23951}{2.00} = 6°\ 52'\ 40''$$

23° *Développement de la courbure a f de la crossette.*

Circonférence du cercle = $3.14159 \times 4.00 = 12.56636$

300° : 12^{m}56636 :: 6° 52' 40'' : af

1296000 '' : 12.56636 :: 24760'' : af

$$af = \frac{12.56636 \times 24760}{1296000} = 0.24007$$

P. L. VIII.
Croquis n° 13.

24° *Hauteur du derrière de la crossette, du sommet b au point h, sur la naissance de la voûte prolongée.*

R : Tang. 6° 52' 40'' :: 2.30 : bh

$$bh = \frac{Tang.\ 6°\ 52'\ 40''\ \times\ 2.30}{R} = 0.277$$

Par les carrés et par proportion en comparant les triangles semblables *c a d* et *c b h*, on a :

Par les carrés.
(Croquis n° 12.)

$$\begin{cases} \overline{ac}^2 - \overline{ad}^2 = \overline{cd}^2 \\ \overline{2.00}^2 - \overline{0.23951}^2 = 3.9426 \\ \sqrt[2]{3.9426} = 1.985 = cd \end{cases}$$

Croquis n° 12. Par proportion $\begin{cases} cd : ch :: ad : bh \\ cd \text{ étant connu.} \end{cases}$ $\begin{cases} \\ 1.985 : 2.30 :: 0.23951 : bh \end{cases}$

$$bh = \frac{2.30 \times 0.23951}{1.985} = 0.277$$

Si à $0^m 277$ on ajoute 0.20, hauteur du cordon, on obtient pour la hauteur totale de la crossette $0^m 477$.

Croquis n° 12. **25° Longueur du glacis ab de la crossette.**

$$R : \text{Sinus } 6° 52' 40'' :: cb : 0.277$$

$$cb = \frac{R \times 0.277}{\text{Sin.} 6° 52' 40''} = 2.314 \qquad 2.314 - 2^m 00 = 0^m 314$$

Par proportion et en comparant les triangles semblables, cad et cbh on a :

$$ca : cb :: ad : bh$$
$$2.00 : cb :: 0.23951 : 0.277$$
$$cb = \frac{2.00 \times 0.277}{0.23951} = 2.314$$
$$ab = 2.314 - 2.00 = 0.314.$$

APPAREIL ORTHOGONAL PARALLÈLE

45. — Orthogonal parallèle. On indique par là que les joints continus sont déterminés par des normales aux sinusoïdes parallèles entre elles. (*Voir le croquis détaché de la fig. 41*).

Pl. IX. Fig. 40 et 41.

Dans cet appareil les lignes des joints continus ou d'assises des voussoirs étant perpendiculaires aux plans des têtes, aucun de ces joints ne rencontre les lignes des naissances AC, BD, comme cela a lieu dans l'appareil héliçoïdal, ce qui offre de grands avantages sous le rapport de la stabilité de l'ouvrage, mais comme les moellons de la voûte sont tous différents pour chaque demi-douëlle, ces moellons diminuant d'une tête à l'autre, il en résulte de grandes difficultés pour la taille, c'est pour cette raison qu'on y a rarement recours.

46. — Tracé des sinusoïdes et division des voussoirs de tête. On construit comme dans l'appareil héliçoïdal les développements des courbes de tête de la voûte, ces développements ou sinusoïdes obtenues, on trace une série de sinusoïdes semblables équidistantes et parallèles entre elles, assez rapprochées les unes des autres, sur lesquelles on mène normalement les joints continus des voussoirs et des cours de moellons de la douëlle.

Figure 40.

Soient $B'OA'$ et $D'O'C'$ les sinusoïdes des développements des têtes AB et CD de la voûte, on mènera

Figure 41.

parallèlement à ces sinusoïdes, d'autres sinusoïdes *f g, h i... K l, o p* qui seront les développements des sections *F G, H I... K L, O P* faites dans la voûte par une série de plans équidistants et parallèles, on divisera ensuite chaque sinusoïde des têtes en autant de parties qu'il doit y avoir de voussoirs, et chaque voussoir, à partir de la naissance de l'angle obtus *D'* ou *A'* jusqu'à celui de la clef, en autant de parties que de moellons y correspondants (2 par exemple), puis on déterminera les courbes normales comme il suit :

PL. IX, Fg. 41.

et croquis détaché.

47. — Tracé des courbes normales ou joints continus. — D'un point de division *m*, par exemple, situé sur la sinusoïde de tête, entre le *1er* et le *2e* voussoirs et avec une ouverture quelconque de compas on coupera cette sinusoïde en deux points *a* et *b*, de chacun de ces points et avec une plus grande ouverture de compas on décrira deux arcs de cercle, au-dessus et au-dessous de la sinusoïde, lesquels se couperont en *c* et *d*, en faisant passer par ces points une ligne droite, on obtiendra en *m* une normale *c d* à la sinusoïde de tête de la voûte qu'on prolongera jusqu'à la *2e* sinusoïde en *m'*. Au point *m'* où cette normale rencontre la *2e* sinusoïde on fera la même opération, on obtiendra la normale *c' d'* à la deuxième sinusoïde qu'on prolongera jusqu'à la troisième sinusoïde en *m²*. En continuant ainsi de proche en proche on trouvera tous les autres points d'une courbe normale (joint continu), à toutes les sinusoïdes d'une tête à l'autre de la voûte, qu'on tracera en la faisant passer par tous les points trouvés *m, m', m², m³ ....*

Fig. 41.

On opérera de même au point *n*, milieu du premier voussoir, ou de tout autre voussoir, pour obtenir une courbe normale (joint continu) d'un des cours de moellons.

Toutes les autres courbes normales ou joints continus s'obtiendront de même.

48. — Disposition de la douëlle et tracé des joints discontinus. — Lorsqu'on a tracé sur la partie inférieure de la douëlle depuis la naissance *D' B'* jusqu'à l'axe *O'* de la sinusoïde de tête *D' O' C'*,

Figure 41.

les courbes normales, partant des voussoirs obtus situés entre *D'* et *O'* et aboutissant aux voussoirs aigus situés entre *B'* et *M* de l'autre sinusoïde de tête *B' O A'*, comme les deux têtes de la voûte doivent être semblables, on pourra reproduire sur l'autre partie inférieure de la douëlle les mêmes courbes normales que celles précitées, arrêtées à l'axe *O* de la sinusoïde *A' O B'* et au point *M'* de la sinusoïde *C' O' D'*. — Ce tracé est représenté par la partie *A' O M' C'*,

On continuera comme on vient de l'indiquer, le tracé des normales de la partie centrale $O' M' O M$.

Dès qu'on aura obtenu, à partir de la sinusoïde de tête $B' A'$ une de ces courbes normales $N N'$ par exemple, on pourra la reproduire immédiatement et symétriquement à partir de l'autre sinusoïde de tête $C' D'$, et ainsi des autres.

Cela fait on tracera les grandes et petites queues des voussoirs suivant des sinusoïdes parallèles à celles des têtes par des droites tangentes à ces sinu-soïdes sur le milieu de la largeur de la queue de chaque voussoir.

Ces tracés achevés, les deux têtes de la voûte seront bien identiques de même que chaque demi-douëlle, et les queues des voussoirs de même ordre accusés sur chaque demi-sinusoïde correspondront à un même nombre de moellons.

Si dans le tracé, les normales partant des divisions des voussoirs obtus d'une tête de la voûte et qui doi-vent aboutir aux angles de la division des voussoirs aigus de l'autre tête, n'y arrivaient pas, on tricherait un peu pour les y faire aboutir.

La douëlle développée montre que les joints continus des moellons, de la partie centrale $M O' M' O$ de la voûte, coupés par la génératrice $O O'$ donnent des cours de moellons à peu près de la même largeur que pour les deux autres parties inférieures semblables $B' D' O' M$ et $A' C' M' O$ de la voûte, les joints continus aboutissant aux voussoirs aigus se resserrent de plus en plus vers les naissances, en sorte que les voussoirs obtus situés, par exemple, entre D' et O' de la sinu-soïde d'une tête, qui n'ont que deux moellons de rem-plissage en douëlle, correspondent sur la partie $B' M$ de la sinusoïde de l'autre tête à des voussoirs aigus ayant 4 et 6 moellons de remplissage, d'où il résulte que pour une voûte très-longue, le nombre de ces moellons augmentent encore, et diminuant par con-séquent de plus en plus de largeur pour aboutir à chaque voussoir aigu, cet appareil ne pourrait plus être appliqué, c'est ce qui fait, comme nous l'avons déjà dit plus haut qu'on l'emploi rarement.

PL. IX, Fig. 41 **49. — Projections verticales de la queue des voussoirs.** — Pour obtenir les projections ver-ticales des queues où arêtes de douëlle des faces pos-térieures des voussoirs de tête, on projette de la douëlle développée sur la naissance $D B$ du plan horizontal les extrémités q et p, des sinusoïdes des voussoirs de grandes et petites queues, en q' et p', on élève de ces points des perpendiculaires $q'Q$ et $p'P$ sur la ligne *C D* des naissances de l'élévation, puis on décrit deux demi-circonférences égales à celle intrados de la tête de la voûte, partant des points *Q* et *P*, et ayant leur centre sur la ligne des naissances de l'élévation en *c* et *c'*.

Ces projections des queues des voussoirs sont situées pour les voussoirs aigus sur les joints mêmes de la face de tête, et pour les voussoirs obtus sur les prolongements des joints de face de ces voussoirs.

PL. IX. Fig. 41 **50. — Tracé des panneaux des voussoirs ou angle que fait chaque joint de tête avec celui de douëlle et disposition à donner aux voussoirs.** En opérant sur chaque voussoir, comme on l'a indiqué au n° **9** de l'appareil hélicoïdal on obtiendra les panneaux.

Pour la disposition à donner à l'intrados des voussoirs obtus et à l'extrados des voussoirs aigus et obtus nous renvoyons aux N° **16, 39, 40 et 41,** (Voussoir aigu n° *6* et voussoir obtus n° *22.*)

51. — Taille des Voussoirs. — Lorsqu'on a obtenu les courbes normales ou joints continus qu'on appelle *Trajectoires Orthogonales,* et tracé tous les joints discontinus des faces antérieures et postérieures des voussoirs intermédiaires de la douëlle, joints qui sont situés sur des sinusoïdes parallèles à celles des têtes, on n'a plus pour *tailler les voussoirs* qu'à observer tout ce qui a été dit à ce sujet à L'APPAREIL HÉLICOÏDAL.

Toutes les faces antérieures et postérieures des voussoirs intermédiaires étant parallèles à celles des voussoirs de tête, ces voussoirs sont donc dans ce système plus faciles à tracer que dans l'appareil hélicoïdal.

PL. IX. Fig. 40 **52. — Voûte d'un biais assez fort et de peu de développement.** — Lorsqu'une voûte de ce genre d'appareil est assez biaise et présente avec cela peu de développement, il arrive bien souvent qu'on ne peut établir deux cours de moëllons pour chaque voussoir obtus, c'est ce que fait voir la figure 40.

N. B. — Quand on adopte cet appareil, il convient de recouvrir le cintre d'une couche de plâtre bien dressée sur laquelle on trace les joints d'assises ou joints continus et les joints discontinus des faces antérieures et postérieures des voussoirs, de façon que les maçons n'aient plus qu'à suivre ces lignes.

Quelques constructeurs ont divisé ces voûtes en zônes parallèles aux têtes de la largeur de *2* ou *3* moëllons, afin de détruire les poussées et éviter les lézardes qui se produisent vers les culées.

APPAREIL ORTHOGONAL CONVERGENT
ET APPAREIL CONVERGENT PARABOLIQUE

APPAREIL ORTHOGONAL CONVERGENT

PL. X. Fig. 42. **53.** — Dans cet appareil les plans des têtes ff^p et Sg de la voûte, au lieu d'être parallèles, concourent vers une même verticale passant en un point O et les trajectoires, ou lignes de joints continus, au lieu d'être normales aux sections successives développées *ou sinusoïdes*, déterminées par des plans parallèles aux têtes, comme dans l'appareil orthogonal parallèle, se tracent normalement aux sinusoïdes déterminées par des plans convergents vers la verticale passant en O.

PL. X. Fig. 42. **54.** — **Compression et direction des joints discontinus.** La plus grande compression ayant lieu pour chaque zône suivant la ligne de plus petit diamètre, elle se produit pour la zône $ff^p Pp$, par exemple, suivant la diagonale Pf^p. En sorte que si l'on suppose les zônes infiniment petites, les diagonales qu'on pourrait y tracer iront converger en O, ce qui fait voir que les joints discontinus Pp, Nn... etc, des voussoirs doivent être déterminés par des plans verticaux passant en O.

PL. X. Fig. 42. **55.** — **Trajectoires ou joints continus des voussoirs.** — En développant sur la douëlle la série des plans convergents en O, au moyen des intersections de ces plans avec les génératrices du cylindre de section droite, et en menant des normales à ces développements ou sinusoïdes on aura les trajectoires ou joints continus des voussoirs (Voir N° 61.)

PL. X. Fig. 42. **56.** — **Génératrices du cylindre.** — En divisant la demi-circonférence du cercle de section droite en O parties aux points g, K, i h, e, d, c, b, a, S et en menant par ces points des parallèles aux naissances gf, Sf^p jusqu'à la rencontre des deux têtes Sg et ff^p on aura les génératrices du cylindre de section droite représentées par Kf^1, if^2, hf^3, ef^4, df^5, cf^6, bf^7, af^8.

PL. X. Fig. 42 **57.** — **Intersection des génératrices par les plans convergents.** — En divisant la naissance gf en un certain nombre de parties, en 8 par exemple, et en menant par les points de division, des plans convergents en *O*, les traces *OI, OJ, OK..... OP* de ces différents plans, couperont les génératrices du cylindre de section droite en des points connus, représentés par *m, n, o, p. q, r, t.*

PL. X. Fig. 42. **58. — Tracé de la sinusoïde ou développement de l'ellipse de la tête biaise.** — On divisera la demi-circonférence du cercle de section droite en un certain nombre de parties, en 9 par exemple, représentées par les points *K, i, h, e, d, c, b, a* qu'on reportera sur le prolongement *g S'* du diamètre en *K', i', h', e', d', c', b', a'*, de ces derniers points on mènera des parallèles à la naissance *g f* ou bien on élèvera des perpendiculaires indéfinies sur *g S'* et des points $f^1, f^2, f^3, f^1, f^5, f^6, f^7, f^8$ et f^9 où les génératrices du cylindre coupent la trace horizontale *f f⁰* de la tête biaise de la voûte, on abaissera sur la naissance *g f* des perpendiculaires qu'on prolongera sur la douëlle développée, les intersections $f^1, f^{11}, f^{111}, f^{1V}, f^V, f^{V1}, f^{V11}, f^{V111}, f^{1X}$ de ces perpendiculaires avec celles élevées des points *K', i', h', e', d', c', b', a', S'*, donneront les points de la sinusoïde ou le développement de l'ellipse intrados de la tête biaise de la voûte.

PL. X. Fig. 42 **59.—Tracé des sinusoïdes intermédiaires.—** Les intersections *t, r, q, p, o, n, m*, des génératrices $k f^1 i f^2 h f^3 e f^4 d f^5 c f^6 b f^7 a f^8$ avec les traces *I i, J j, K k..... P p* des plans convergents en *O* étant connues sur le plan horizontal de la voûte, on obtiendra les sinusoïdes intermédiaires ou les développements des différentes ellipses intrados des plans convergents, ainsi qu'il suit :

PL. X. Fig. 42 **60. — Tracé de la sinusoïde ou développement de l'ellipse déterminé par le plan convergent *O P*, par exemple.** — Par les points *t, t...t,* intersections du plan convergent *OP* et des génératrices du cylindre on mènera des parallèles à *S g S'* jusqu'à leur rencontre en *t', t'... t'* avec les perpendiculaires *K' f¹, i' f²... a' f^{V111}, S' f^{1X} (ces perpendiculaires représentent sur le développement de la douëlle, les génératrices du cylindre)* les intersections *t', t'... t'* étant jointes entre elles pour former une courbe très-douce, donneront la sinusoïde intermédiaire *P t' t'... p'* déterminée par le plan convergent *O P.*

Toutes les autres sinusoïdes *N r' r... n', K o' o'...K',* etc., résultant des intersections des autres plans convergents *N O, K O* avec les génératrices du cylindre s'obtiendront de même.

PL. X. Fig. 43 **61. — Tracé des trajectoires ou joints continus des voussoirs.** — Toutes les sinusoïdes étant obtenues ainsi qu'on vient de l'indiquer, on divisera la sinusoïde ff^{ix} de l'ellipse de la tête biaise de la voûte en autant des parties qu'il doit y avoir de voussoirs de tête, on tracera ensuite des normales aux dites sinusoïdes, comme on l'a expliqué à l'appareil orthogonal parallèle (N° 47). Ces normales seront les trajectoires ou joints continus des cours des voussoirs et moëllons.

PL. X. Fig. 42. Le nombre et la largeur des voussoirs de la tête de la section droite $S\,a\,b\,c\,d\,e\,h\,i\,K\,g$, sont obtenus PL. X. Fig. 43. d'après le tracé des normales partant des points 1, 2, 3, 4 5, 6, 7, 8, 9, 10 de la sinusoïde ff^{ix} de la tête biaise, aboutissant sur le développement $g\,S'$ de la section droite, mais comme les points d'arrivée 4', 5', 6'... 10', f', des normales sur cette section droite ne la divisent pas en parties égales, il faut alors chercher à intercaler entre ces normales d'autres courbes à peu près équidistantes pour établir les cours de moëllons

Le tracé de ces courbes ne pouvant pas toujours se faire convenablement, surtout lorsque le blais du pont est assez prononcé, on remplace alors l'appareil orthogonal convergent par l'appareil convergent parabolique.

APPAREIL CONVERGENT PARABOLIQUE

—

62. — Dans cet appareil on substitue aux courbes normales aux sinusoïdes (*joints continus*) de l'appareil précédent des paraboles normales à la sinusoïde de tête et au développement de l'arc de la section droite de l'autre tête de la voûte.

PL. X. Fig. 44. 63. — **Paraboles ou joints continus des voussoirs.** — On divise la sinusoïde $f\,f^{ix}$ de la tête biaise de la voûte en autant de parties égales qu'il doit y avoir de voussoirs, des points de division on mène des normales indéfinies à cette sinusoïde.

On divise ensuite le développement $g\,S'$ de la section droite en autant de parties qu'on veut avoir de voussoirs, en leur donnant un peu plus de largeur qu'à ceux de la tête biaise, de ces nouveaux points de division on élève des perpendiculaires sur $g\,S'$ jusqu'à leur intersection avec les normales précitées.

On divise ensuite ces perpendiculaires et les normales, chacune séparément, en un même nombre de parties égales qu'on désigne par deux mêmes séries de numéros 1, 2, 3, comme le montre la figure, et en joignant les numéros de même ordre par des droites on obtient par leurs intersections a et b, les lignes

1 a, ab, b 3... sur le milieu desquelles on fait passer tangentiellement la courbe parabolique qu'on prend pour joint continu des voussoirs.

PLX. Fig. 46. N. B. Ces courbes ne sont pas à proprement parler de véritables paraboles, pour que cela fût, il faudrait pour chacune d'elles, telle que *m S* par exemple, que le sommet S se trouvât sur l'axe *A B* et au milieu de la sous-tangente *n o,* laquelle sous-tangente est déterminée par la rencontre de la normale menée à la sinusoïde *C D* au point *m,* avec l'axe *A B,* en *n* par exemple, et la perpendiculaire *m o* abaissée du point *m* sur la section droite *A B.*

On aurait donc *dans le cas d'une vraie parabole :* *m n* pour la normale à la sinusoïde et tangente en même temps à la parabole au point *m,* et *mo* perpendiculaire à la section droite et *S* pour sommet de la parabole, milieu de la sous-tangente *no.*

Nous avons indiqué sur la fig. 46, en traits forts, le tracé de plusieurs véritables paraboles, et en traits ordinaires une série de courbes intermédiaires se rapprochant le plus possible des paraboles ; courbes qu'on pourrait adopter pour les divers cours de moellons de la douëlle.

Deux de ces cours de moellons pourraient être pris sur la sinusoïde et sur le développement de la section droite des têtes, pour former la largeur des voussoirs de tête, on pourrait aussi ne prendre qu'un seul cours de moellons pour établir les têtes et la partie intermédiaire de la voûte, tout en moellons c'est ce que montre la figure 46.

Dans le cas où on ne voudrait avoir que des moellons pour les têtes et des briques pour la partie intermédiaire, il faudrait alors choisir des briques de plus fortes dimensions pour la partie vers la section droite que pour celle vers la sinusoïde de la tête biaise.

64. — Tracé des panneaux et taille des voussoirs. — Lorsqu'on a tracé comme on vient de l'indiquer les joints de douëlle, on n'a plus pour trouver les panneaux et faire faire la taille des voussoirs, qu'à opérer comme on l'a indiqué à l'appareil hélicoïdal. Voir les n°ˢ **9, 16, 39, 40 et 41** (Voussoir aigu n° *6,* et Voussoir obtus *22.*)

65. — Dispositions à donner aux douëlles développées. — La figure 45 donne deux dispositions de la douëlle, l'une avec voussoirs des têtes correspondants chacun à 4 cours de moellons intermédiaires, l'autre avec voussoirs correspondants seulement à deux cours de moellons.

Si au lieu des moellons intermédiaires, qui sont

tous différents et exigent une taille dispendieuse, on
employait de la brique, l'exécution de la voûte serait
alors plus facile, parceque les briques étant de petits
matériaux se prêtent parfaitement bien à accuser
toutes les courbes possibles.

66. — SUBSTITUTION DE L'APPAREIL HÉLICOÏDAL A L'APPAREIL ORTHOGONAL CONVERGENT ET A L'APPAREIL CONVERGENT PARABOLIQUE.

P L. X. Fig. 47. On peut aussi appliquer aux voûtes convergentes dont il vient d'être question, l'appareil hélicoïdal
en merant sur le développement de la douëlle la
sécante f^{Ix} à la sinusoïde de tête, et en traçant les
lignes de joints continus perpendiculaires ou à peu
près perpendiculaires sur la sécante de la sinusoïde,
de manière à les faire concorder avec les joints des
voussoirs de la voûte droite limitée sur le plan développé par la ligne g S'. (Voir à l'appareil hélicoïdal
nos **7, 19**.)

Ceci montre que l'appareil convergent est aussi
employé pour les extrémités d'une voûte biaise de
grande longueur à têtes parallèles ou non parallèles,
afin d'éviter dans la plus grande longueur de la voûte
un appareil difficile et dispendieux.

On voit donc qu'une voûte de ce genre est composée de trois parties, l'une *centrale* appareillée en
voûte droite et deux *extrêmes* disposées suivant l'appareil convergent se raccordant avec la voûte droite,
mais en présence de la difficulté que présentent pour
la taille des moellons, les parties extrêmes disposées
suivant l'appareil orthogonal convergent ou suivant
l'appareil convergent parabolique, on reconnait, lorsqu'on a de longues voûtes biaises à construire, qu'il
est plus simple, plus avantageux et aussi moins coû-
PL. III. Fig. 17 teux à appareiller les têtes suivant l'appareil hélicoïdal ainsi qu'on l'a longuement expliqué au commencement de cet ouvrage.

BIAIS PASSÉ

PL. XI. Fig. 48 **67.** — On prend pour plan horizontal le plan des naissance A^v C^h B^v D^h, pour plan vertical, l'un des plans
verticaux de tête, tel que C^v H^v D^v. — Les deux têtes
de la voûte sont formées par deux demi-circonférences
C^v H^v D^v, A^v E^v B^v, et la douëlle par un cylindre
oblique engendré par la droite A^v C^h qui se meut sur
les deux cercles de tête en parcourant des espaces

égaux, c'est-à-dire, en restant toujours parallèle aux naissances.

Toute section faite parallèlement aux têtes, donne un demi-cercle égal à celui des têtes.

Pl. XI. Fig. 48. **68. — Joints continus des voussoirs en élévation.** — Dans ce système d'appareil, on ne conduit pas les joints continus suivant les génératrices G G du cylindre oblique, mais bien normalement aux faces de tête afin de reporter les poussées sur les culées comme dans une voûte droite et éviter par là, la poussée au vide

Pour cela on trace par le centre O^h (intersection des deux diagonales $A^v D^h$, $B^v C^h$ du parallélogramme formé par les naissances $A^v C^h$, $B^v D^h$ du plan de la voûte) une section de la douëlle parallèle aux têtes, représentée en plan par $I^h O^h J^h$, et en élévation par la demi-circonférence $I^v O^v J^v$, qu'on divise en parties égales en un nombre impair de voussoirs.

On mène ensuite dans le plan horizontal, par le centre O^h une droite $O^h O$ perpendiculaire aux plans des têtes $A^v B^v$, $C^h D^h$, puis on fait passer par cette droite et par les points de division de la demi-circonférence $I^v O^v J^v$, des plans, tels que : $O^h O K^v l^v m^v$, $O^h O S^v p^v c^v$, etc.

Ces plans ainsi menés sont perpendiculaires aux têtes $A^v E^v B^v$ et $C^v H^v D^v$ de la voûte, et toute section parallèle aux têtes rencontre ces plans et détermine, sur l'élévation verticale, un point de chaque joint continu de la douëlle.

En effet, si on mène plusieurs plans sécants $L^h M^h$, $N^h Q^h$ parallèlement aux têtes, les intersections de ces plans avec la douëlle donneront des cercles ayant pour diamètres $I^v M^v$, $N^v Q^v$ et rencontreront la trace verticale $OK^v m^v$ du plan $O^h O K^v l^v m^v$; par exemple, aux points n^v et q^v. En projetant ces points sur le plan horizontal ainsi que les points K^v, l^v, m^v, appartenant aux cercles de tête, à celui $I^v O^v J^v$ et à la trace verticale $OK^v m^v$, on obtiendra sur les diamètres $L^h M^h$, $N^h Q^h$ et $A^h B^h$, $I^h J^h$, $C^h D^h$ les points de l'ellipse $m^h n^h l^h q^h K^h$ ou le deuxième joint continu des voussoirs en douëlle.

Le premier joint continu s'obtiendra de même ainsi que tous les autres.

Pl. XI. Fig. 48. **69.— Développement de la douëlle et tracé des joints continus et discontinus des voussoirs (1). (Les deux têtes de la voûte étant des demi-**

---

(1). Sur le développement de la douëlle, les lignes pointillées indiquent les sinusoïdes et le tracé fait pour les obtenir.

Les lignes pleines indiquent les joints continus et discontinus de voussoirs.

cercles, on a pour section droite une demi-ellipse $C^h D V$, dont la hauteur ou le demi-grand axe est égale au rayon des cercles de tête.)

On divise la demi-ellipse de section droite en un certain nombre de parties égales, en 13 parties par exemple, on projette ensuite les points de division par des perpendiculaires sur le petit axe $C^h D$ de l'ellipse qu'on prolonge jusque sur la trace horizontale d'une tête (sur le biais $C^h D^h$ par exemple) en *1, 2, 3, 4... 13.*

De ces points de projection on mène des parallèles indéfinies au petit axe $C^h D$. — On relève ensuite sur l'ellipse les développements compris entre les points de division qu'on reporte sur $D^h W$, prolongement du petit axe de section droite; en *13* et *12*, *12* et *11*, *11* et *10*... *1* et *0*. Des points *12, 11, 10...* *1* et *0* on élève sur $D^h W$ des perpendiculaires indéfinies; les intersections de ces perpendiculaires avec les parallèles précitées, sont autant de points (*1*) à (*12*) par lesquels doit passer la sinusoïde $D^h C$. — En reportant, à partir de ces derniers points et sur lesdites perpendiculaires prolongées de l'autre côté de la ligne $D W$, les longueurs (*12*)(*12*),(*11*)(*11*)...(*1*)(*1*)et $C A$, égales à la naissance $D^h B^v$ de la voûte, on obtient les points (*12*) (*11*)... (*1*) et A de la sinusoïde $B^v A$ de l'autre tête de la voûte.

Tracé des joints discontinus. — On dispose le plan horizontal des naissances $A^v B^v C^h D^h$ en zônes par les plans sécants $L^h M^h$, $R^h S^h$ ..., $I^h J^h$, $N^h Q^h$... etc. menés parallèlement aux têtes. Ces plans coupent les assises résultant des joints continus et déterminent les joints discontinus des voussoirs qu'on alterne d'une assise à l'autre; c'est ainsi que le plan sécant $L^h M^h$ limite les *1er, 3e, 5e, 7e, 9e, 11e, 13e, 15e* et *17e* voussoirs de petites queues de la tête $C^h D^h$ et le plan sécant $R^h S^h$; les *2e, 4e, 6e, 8e, 10e, 12e, 14e,* et *16e* voussoirs de grandes queues.

Les positions des joints discontinus étant connues, on trace sur la douelle développée les sinusoïdes $L^h H$, $I^h J$, $N^h Q$, etc, correspondantes à chacun des plans sécants, et en reportant sur les sinusoïdes des têtes les divisions obtenues sur les élévations verticales des cercles de tête, on obtient deux sinusoïdes divisées symétriquement en *17* parties.

En faisant passer par tous les points de division *1', 2'... 15', 16'* d'une de ces sinusoïdes ($D^h C$) des droites aboutissant aux points de division correspondants *16'', 15'',... 2'', 1''* de l'autre sinusoïde de tête

($B^h A$), ces droites $1'$ $16''$, $2'$ $15''$..., etc, donnent sur la douëlle développée les joints continus des voussoirs.

Le plan sécant qui passe par le centre O^h parallèlement aux têtes et qui a pour section $I^h O^h J^h$ et pour projection verticale, le demi-cercle $I^v O^v J^v$ divisé en 17 parties égales, nombre de voussoirs de la voûte, se développe sur la douëlle en une sinusoïde $I^h O J$ donnant aussi 17 parties égales. — Ceci montre que les joints continus, tracés d'une tête à l'autre de la voûte, passent tous par les points de division de la sinusoïde d'axe $I^h O J$, lorsque le tracé est exact.

Si on trace un cercle résultant d'un plan sécant quelconque, $N^h Q^h$ par exemple, les intersections de la projection verticale de ce cercle avec les plans menés par $O^h O$ doivent être reproduites sur la sinusoïde correspondante, aux mêmes distances des naissances que celles indiquées sur le cercle. — Ainsi sur la sinusoïde $N^h Q$ les divisions comprises entre les joints continus de la douëlle développée, figurant les joints discontinus, doivent être égales aux divisions mêmes du cercle dont $N^v Q^v$ est le diamètre.

Il doit en être de même pour toute autre sinusoïde résultant de tout autre plan sécant, lorsque le tracé est bien fait.

Les deux têtes de la douëlle développée étant divisées chacune en 17 voussoirs de petites et de grandes queues, on achèvera la partie restante de la douëlle en adoptant la même disposition qu'au plan horizontal pour les joints discontinus des voussoirs intermédiaires.

Ces joints discontinus étant situés dans le plan horizontal sur les traces mêmes des plans sécants ne peuvent donc se trouver sur la douëlle développée que sur les sinusoïdes appartenant à ces plans.

En projetant du plan horizontal sur l'élévation verticale, les traces horizontales $L^h M^h$, $R^h S^h$ ... $I^h J^h$ ... $N^h Q^h$ ... etc., des plans sécants représentants les diamètres des sections parallèles aux têtes, en $L^v M^v$, $R^v S^v$,... $I^v J^v$ ... $N^v Q^v$ etc. et en décrivant des points $1'$, $2'$, $3'$, $4'$, $5'$, $6'$, $7'$ et $8'$ pris sur le milieu des diamètres projetés, des demi-circonférences avec un rayon égal à celui des têtes de la voûte, les intersections de ces demi-circonférences, avec les traces verticales $K^v l^v m^v$, $s^v p^v c^v$ ... etc. des plans de joints continus menés suivant la trace $O^h O$ limiteront sur ces circonférences les projections verticales des joints discontinus des voussoirs, alternés d'une assise à l'autre, comme le montre la douëlle tels sont les arcs de cercles $l^v p^v$, $r^v i^v$, $f^v g^v$ etc.

PL. XI, Fig. 48. **70. – Tracé des panneaux des voussoirs.—**
Considérant chaque voussoir en élévation, pris isolément, et faisant sur chacun d'eux la même opération qu'on a faite pour les voussoirs de tête dans les
appareils précédents, on obtiendra les panneaux, lit
de pose et lit d'attente, de tous les voussoirs.

Il est bien entendu dans ce cas qu'on s'est donné
la hauteur des voussoirs intermédiaires.

Exemples. — 1° soit le voussoir de tête n° 4. — On
connaît dans ce voussoir le panneau de tête $a^v b^v c^v d^v$,
celui de douëlle $c d f g$ et sa projection verticale
$c^v d^v f^v g^v$, il ne manque donc pour que le voussoir
soit connu, que l'angle que fait le joint de tête $a^v c^v$
avec celui de douëlle $c^v f^v$.

Si sur le joint de face $a^v c^v$ ou sur son prolongement ou même une perpendiculaire passant par l'angle f^v projection verticale de la queue du voussoir,
que du point c^v et avec une ouverture de compas égale
au joint $c f$, pris sur la douëlle développée, on décrive un arc de cercle, le point r où cet arc coupe
ladite perpendiculaire ramenée dans le plan de la face
verticale, étant joint par des droites au point a^v et au
point c^v, on obtiendra le triangle du panneau cherché où l'angle $a^v c^v r$ que fait le panneau de tête avec
celui de douëlle.

On obtiendra l'autre panneau $b^v d^v r'$ du même
voussoir en opérant de même.

PLX. Figure 48. 2° Soit encore à trouver les panneaux d'un voussoir intermédiaire quelconque, *du Voussoir 4 bis.* On
connaît également dans ce voussoir le panneau de
douëlle $f g r i$, et sa projection verticale $f^v g^v r^v i^v$,
Voussoir ainsi que le panneau $f^v g^v h^v h^v$, considéré comme
détaché *4 bis.* face vue du voussoir, pris isolément, et contigü à la
face de queue ou face postérieure du voussoir de tête
n° 4.

Il ne manque donc que l'angle qui fait le joint
de douëlle $f^v f^v$, avec celui $f^v h^v$, de la face $f^v g^v h^v h^v$,
(*face antérieure.*)

Si par l'extrémité r^v (angle de la projection verticale de la queue du voussoir), on mène sur le joint
$h^v f^v$, ou sur son prolongement $f^v O$, une perpendiculaire indéfinie, que du point f^v et avec une ouverture
de compas égale au joint $f r$ pris sur la douëlle développée on décrive un arc de cercle, le point r' où cet arc
de cercle coupe ladite perpendiculaire, ramenée dans
le plan de la face verticale, étant joint par des droites
aux points h^v et f^v, on aura le triangle $h^v f^v r'$ où
l'angle que fait le panneau de douëlle avec le panneau
de la face antérieure du voussoir n° 4 *bis.*

Le panneau qu'on vient d'obtenir est celui lit de

pose, on obtiendra de même le panneau lit d'attente *h' g' r''* du même voussoir.

Nous ferons encore remarquer ici que la face d'attente *(face postérieure)* du *1er* voussoir est la même que la face de pose *(face antérieure)* du *2e* voussoir, que la face d'attente *(face postérieure)* du *2e* voussoir, est la même que la face de pose *(face antérieure)* du *3e* voussoir, et ainsi de suite.

Il en est de même des panneaux lit de pose et lit d'attente ; c'est-à-dire, qu'un panneau lit d'attente, d'un voussoir quelconque est toujours égal au panneau lit de pose du voussoir adjacent.

Sur l'élévation verticale les largeurs des *joints discontinus* des voussoirs, sont données en véritables grandeurs comme sur la douelle développée.

L'appareil étant exactement le même pour les deux têtes de la voûte il en résulte que la 1re assise courante au-dessus des naissances, d'un côté de la voûte, est égale à la 1re assise courante au dessus des naissances de l'autre côté de la voûte, que la 2e assise d'un côté de la voûte est égale à la 2e assise de l'autre côté de la voûte et ainsi de suite des autres assises jusqu'à la 8e inclusivement, prise chacune à chacune selon leur rang.

La 0e assise formant la clef de la voûte est unique.

71. — Taille des Voussoirs. — Nous renvoyons pour la taille des voussoirs aux n°s 16, 22, 39, 40 et 41 de l'appareil hélicoïdal.

CORNE DE VACHE

—

PL XI. Fig. 49. **72. —Cet** appareil diffère du précédent en substituant à la surface cylindrique de l'intrados une surface gauche engendrée comme il suit : — Par le centre o° intersection des diagonales aboutissant aux extrémités des naissances de la voûte, on mène dans le plan des naissances, la droite o° *O* perpendiculaire aux têtes, puis on fait passer par cette droite un plan également perpendiculaire aux plans verticaux des têtes auquel on imprime un mouvement de rotation autour de sa trace horizontale o° *O*. Dans son mouvement ce plan coupe les deux cercles directeurs (cercles des têtes) *C' H' D'* et *A' E' B'*, en des points situés sur ces cercles à des hauteurs différentes au dessus des naissances et sous un même angle plan. Ces points, à chaque position qu'occupe le plan, étant joints par une droite, donnent une génératrice de la surface gauche.

Si l'on considère le plan générateur à son départ, c'est-à-dire, lorsqu'il se trouve rabattu sur le plan horizontal, la génératrice sera évidemment l'intersection du plan horizontal avec la naissance ou la ligne $A^v C^h$ et les différentes positions de la génératrice pendant sa rotation avec le plan autour de sa trace horizontale $o^h O$ se trouveront déterminées en projetant sur le plan horizontal toutes les intersections des deux cercles de tête $C^v H^v D^v$ et $A^v E^v B^v$ avec le plan générateur, telles sont les droites $o^h n^h$, $K^h m^h$, $p^h c^h$, etc.

Dans sa position $o^h O m^v$, le plan générateur coupe les cercles de tête aux points K^v, m^v ; en projetant ces points sur le plan horizontal en K^h et m^h et en les joignant par des droites, on obtient : la génératrice $K^v m^v$ en élévation et $K^h m^h$ en plan.

De même, le plan $o^h O c^v$ coupe les deux cercles directeurs en p^v et c^v. Ces points étant projetés sur les diamètres $A^v B^v$ et $C^h D^h$ en p^h et c^h, en les joignant par des droites, on aura la génératrice $p^v c^v$ en élévation et $p^h c^h$ en plan.

On voit aussi qu'en faisant passer le plan vertical $o^h O$ par le point R^v intersection des projections verticales des deux cercles directeurs, la génératrice se trouvera appuyée sur ces cercles en deux points situés à la même hauteur et sera horizontale et parallèle à la droite $o^h O$.

PL. XI. Fig. 40. **73. — Tracé des joints continus de la douelle et détermination des voussoirs. —** Si du point O, comme centre, et avec un rayon quelconque $O S^v$ suffisamment grand, on décrit une demi-circonférence, $T V S^v$, qu'après l'avoir divisée en un nombre impair de parties, en 17 par exemple, on conduise tous les plans de joints suivant $o^h O$, aboutissant auxdites divisions, les intersections $K^v m^v$, $p^v c^v$, etc. de ces plans avec l'extrados de la voûte, donneront les joints continus en élévation. En projetant les extrémités $K^v m^v$ et $p^v c^v$ de ces intersections en $K^h m^h$ et $p^h c^h$ sur les diamètres des cercles de tête, on obtiendra, en joignant ces points par des droites, les projections horizontales des joints continus plus commodes à tracer que les arcs d'ellipse très-allongés de l'appareil précédent.

Lorsqu'on aura tracé par ce moyen tous les joints continus sur le plan horizontal, on divisera ce plan en voussoirs de tête et en voussoirs intermédiaires par des joints discontinus comme le montre la figure.

PL. XI. Fig. 49. **74.—Voussoirs intermédiaires.** — Pour obtenir sur l'élévation la position des joints discontinus des voussoirs, on projettera tous les sommets d'angles *1, 3, 5, 7, 9* de ces voussoirs situés sur un même joint continu $K^h m^h$ du plan horizontal, sur le joint correspondant $K^v m^v$ de l'élévation verticale en *1', 3', 5', 7', 9'.*

On répétera cette opération pour chaque joint continu, et on joindra par des courbes les projections verticales des sommets d'angles *1' et 2', 3' et 4',... 7' et 8'; 9' et 10'* d'un même cours de voussoirs, ce qui donnera sur l'élévation la position des panneaux de douëlle de ce cours de voussoirs.

Pour déterminer, avec toute l'exactitude désirable, la courbure des joints discontinus de la douëlle de chaque cours de voussoirs sur l'élévation verticale, on pourrait prendre sur le plan horizontal un troisième point sur le milieu du joint discontinu, qu'on projetterait sur l'élévation, et on ferait passer par ce 3ᵉ point la courbe accusant le joint du voussoir.

PL. XI. Fig. 49 **75. — Panneaux des voussoirs de tête.** — Pour trouver les panneaux lit dé pose et lit d'attente de chaque voussoir, comme la douëlle n'est pas développable, voici comment on opérera :

On abaissera de l'angle g^v de la queue d'un voussoir quelconque, une perpendiculaire $g^v r$, sur le joint de face $a^v c^v$ ou sur son prolongement, égale à la longueur réelle $g^h c^h$ du panneau du voussoir (1) et en joignant l'extrémité r de cette perpendiculaire au point c^v et au point a^v on aura l'angle $a^v c^v r$ que fait le joint de face avec celui de douëlle ou l'angle du panneau lit de pose.

Dans ce panneau, $r a^v$ représente la diagonale.

On trouvera de même le panneau lit d'attente $b^v d^v r$.

PL. XI. Fig. 49 **76. — Panneaux des voussoirs intermé-** et voussoir **diaires.** — On déterminera les panneaux des voussoirs intermédiaires en suivant la même marche que (4bis) détaché pour le biais passé, en opérant avec les longueurs réelles des panneaux des voussoirs qu'on relèvera sur le plan horizontal.

---

(1) On a vu (pont hélicoïdal n° 11) que la longueur réelle d'un panneau de voussoir est la perpendiculaire abaissée de l'extrémité du panneau sur le joint de la face de tête prolongé si c'est nécessaire. — Dans le cas de la corne de vache, la longueur réelle du panneau est égale au joint $g^h c^h$ du plan horizontal et la longueur réelle du voussoir est égale à la perpendiculaire abaissée du point g^h (queue du voussoir) sur le plan de la face de tête.

PL. XI. Fig, 49 **77.** — Tracé sur le cintre de toutes les lignes de douëlle de l'épure. — On reportera sur le cintre les points de division des voussoirs de tête qu'on joindra par des droites qui seront les joints continus ou d'assises, — On a vu ci-dessus que ces joints continus sont des génératrices.

Les joints discontinus étant parallèles aux têtes de la voûte on repérera sur les naissances du cintre et par rapport aux têtes les points de départ et ceux d'arrivée de chacun de ces joints, par lesquels on fera passer d'un côté à l'autre du cintre un cordeau ou une règle très-flexible accusant leur position.

78. — **Surface gauche de la douëlle des voussoirs.** — On l'obtiendra en présentant chaque voussoir sur le cintre, à la place qu'il doit occuper qu'on dégauchira jusqu'à ce que la face de douëlle s'y applique bien exactement.

PL. XI. Fig 49. **79.** — **Taille des voussoirs.** — (Voir ce qui a été dit n° 16.) On peut aussi lors de la taille déterminer la douëlle de chaque cours de voussoirs $m^v c^v K^v p^v$ par exemple ou de tout autre cours de voussoirs $m^v n^v K^v q^v$ en appliquant une règle droite non pas sur deux points quelconques des arcs $m^v n^v$, $K^v q^v$, mais bien sur deux points appartenant à une même position de la génératrice de la surface gauche.

Ces points sont indiqués sur l'élévation verticale par des droites convergentes vers O, qu'on peut facilement transporter sur la pierre en $t\ t$, $t_1\ t$, $t_2\ t_2$ ... en relevant très exactement les distances qui existent entre ces lignes sur les portions des cercles de tête $m^v\ n^v$ et $K^v\ q^v$.

CONOÏDE OBLIQUE

PL. XII. Fig. 50. **80.** — Nous donnons pour exemple la voûte d'un pont conoïde oblique construit sur la ligne de Rouen à Amiens, ce pont, dont les culées $A\ C$, $B\ D$ ne sont pas parallèles, est situé à Darnetal, lieu dit Sainte-Marguerite, sur la route de Lyons-la-Forest.

Il présente deux ouvertures différentes, l'une de 21^m851, l'autre de 16^m413, chacune de 5^m628 de montée, donnant, la plus grande ouverture une ellipse de 26^m70 de développement divisée en 71 voussoirs de $0,37005$;

La plus petite ouverture une ellipse de 21^m95 de développement divisée en 57 voussoirs de $0,38508$, joints compris.

Les lignes des naissances de la voûte concourent en un même point E passant par l'intersection de deux alignements droits dont on ne pouvait départir.

Chaque tête n'ayant pas un même nombre de voussoirs on a adopté une douëlle en caillasse ou mosaïque. Les bandeaux de tête seuls sont en pierres de taille,

L'arc de tête de chaque ouverture est une ellipse, la génératrice se meut parallèlement au plan directeur, les montées des deux têtes de ce pont étant d'égales hauteur (5.628), toute section faite par un plan parallèle au plan de tête donne une ellipse d'une montée égale à celle de l'ellipse de tête.

81. — Détermination de la surface intrados du conoïde. — Ce pont *conoïde oblique* a été projeté comme un conoïde ayant pour plan directeur le plan des naissances $A\,C\,B\,D$ et pour directrice une verticale passant par E et par l'ellipse de tête projetée en $A\,B$, c'est-à-dire, que les ellipses de tête ont été construites en divisant le grand axe de chacune d'elles en *40* parties égales, chaque axe se trouvant ainsi divisé en parties proportionnelles, on a fait passer par les points qui correspondent à la division de même numéro, une verticale d'une ordonnée calculée convergente en E. On voit donc que les génératrices ne sont dans ce cas que des horizontales convergentes en E et s'appuyant en même temps sur les ellipses de tête projetées en $A\,B$ et $C\,D$.

82. — Méthode pour tracer les ellipses par ordonnées. — On s'est servi pour déterminer toutes les ordonnées des ellipses, de la formule

$$y = \frac{b}{20}\sqrt{40\,n - n^2},$$ dans laquelle $b =$ la montée

5,628; 20 la moitié de la division du grand axe et n le numéro de la division, en admettant que ces divisions soient comptées de gauche à droite, mais comme $b = 5,628$, la formule devient :

$$y = \frac{5,628}{20}\sqrt{40\,n - n^2}$$

ou $y = 0.2814\sqrt{40\,n - n^2}$

Il suffit donc de faire $n = 1 \ldots 20$ etc, on s'arrêtera quand les *20* premières valeurs auront été calculées, les 20 suivantes étant les mêmes. La 1re et la 2me divisions voisines des naissances ont été divisées chacune en 5 nouvelles parties égales, correspondant ainsi à une division du grand axe en 200 parties égales $(20 + 20)\,5 = 200$, les ordonnées qui correspondent ces nouvelles divisions ont alors été calculées à l'aide de

la formule $y = \dfrac{b}{100} \sqrt{200\,n - n^2}$, mais $b = 5,028$

d'où $y = \dfrac{5,028}{100} \sqrt{200\,n - n^2}$

ou $y = 0,05028 \sqrt{200\,n - n^2}$.

PL. XII. Fig. 51.   **83. — Tracé des joints continus de la douëlle intrados.** — Les lignes de joints de la douëlle d'intrados ont été obtenues en construisant sur sa surface des courbes normales à une série d'ellipse, représentées par des sections parallèles aux têtes.

Méthode graphique de construire ces lignes.

Après avoir tracé une série d'ellipses parallèles également distantes, d'une tête à l'autre de la voûte, on coupera celle de tête E^v par un plan normal à cette ellipse, en un point p^v *(joint d'un voussoir)* c'est-à-dire, normal à la tangente T^v à l'ellipse E^v au point p^v. Cette tangente T^v étant située dans le plan vertical de la tête de la voûte (on a pris pour plan vertical, le plan de la tête E^v, pour plan horizontal le plan $A\,B\,C\,D$ des naissances), on conçoit que le plan normal en question est perpendiculaire au plan vertical E^v, que par conséquent l'intersection de ce plan normal avec l'ellipse E^v_1, voisin de E^v, est située sur la trace verticale de ce plan. On comprend donc que p^v_1, intersection de E^v_1 avec la normale N^v en p^v à l'ellipse E^v, est un point de la courbe cherchée.

On obtiendrait un second point de la projection verticale de la courbe en menant en p^v_1 une normale N^v_1 à E^v_1 et prenant l'intersection de cette normale avec l'ellipse suivante E^v_2 par exemple, continuant de proche en proche on obtient par une construction facile et permettant d'assurer toute l'exactitude désirable les projections verticales des courbes dont il vient d'être question.

PL. XII. Fig 51.   **84. — Projection horizontales des joints de douëlle.** — Quant aux projections horizontales, p^h, p^h_1, p^h_2, p^h_3, p^h_4, elles se déduisent immédiatement des projections verticales en abaissent des points p^v, p^v_1, p^v_2, p^v_3, p^v_4, des perpendiculaires sur les grands axes E^h, E^h_1, E^h_2, E^h_3, E^h_4, des ellipses, et en unissant par une courbe les projections horizontales de ces points on aura en plan le tracé des joints continus.

Lors de l'exécution de l'épure du conoïde on a remarqué en examinant les courbes normales qu'elles différaient peu d'une droite dans le voisinage des arcs de tête, on a donc cru devoir simplifier en remplaçant chacun de ces arcs de courbes pour des droites. — Les joints théoriques qui devraient être des surfaces réglées, engendrées par le mouvement de droites s'appuyant sur les courbes intrados et extrados d'un même joint et restant constamment normales au conoïde, se sont trouvés remplacés par des plans, attendu que, supposer que les arcs de cercle se réduisent à des droites, revient à supposer que dans le voisinage des arcs de tête les plans tangents se confondent en un seul, *tel serait par exemple le plan tangent de la surface réglée d'un joint de voussoir de tête*, qu'il en est de même des plans normaux et c'est précisément ce plan unique, *tangent et normal*, que l'on prend pour joint. (C'est d'ailleurs celui à l'aide duquel on obtient les joints voisins de l'arc de tête appartenant aux courbes normales dont on a parlé.) Ce plan étant perpendiculaire au plan vertical de tête, la construction est donc très facile pour obtenir et tailler avec précision chaque voussoir de tête composé de 6 faces dont 4 sont planes et peuvent être connues en vraies grandeurs, ainsi que leurs angles dièdres respectifs, comme on le démontre dans les explications données ci-après pour arriver à trouver les rabattements des panneaux des voussoirs.

PL. XII. Fig. 50. **85. — Tracé des ellipses des faces de tête et des ellipses des queues de voussoirs de la douëlle.** — Soit $A B C D$ le plan du pont, on mènera parallèlement à E^h les droites E^h_1, E^h_2, distantes l'une de 0.50 et l'autre de 0.70 de L^h. Ces droites représentent les grands axes des ellipses des queues des voussoirs de tête et les espacements 0.50 et 0.70 les longueurs réelles des voussoirs.

On tracera ensuite les ellipses E^v de l'intrados, $E^{'v}$ de l'extrados de la tête de l'ouvrage, figurant le bandeau de la face de tête, et les ellipses de la douëlle de petite queue E^v_1, et de grande queue E^v_2.

86. — Division des voussoirs et tracé des joints de tête. — On divisera l'ellipse intrados de tête E^v en autant de parties qu'il doit y avoir de voussoirs en *71* parties par exemple, puis on mènera par tous les points de division des normales à cette ellipse (Voir n° 6).

PL. XII. Fig. 50. **87. — Tracé des joints de tête et détermination des faces de douëlle des voussoirs.** — Soient N^v, N^v_1, N^v_2, trois des normales précitées, menées par les points de division a^v, b^v, c^v, voisins l'un de l'autre, elles couperont les ellipses de douëlle E^v_1, E^v_2, en des points d^v, f^v, g^v, h^v.

Du côté de l'angle aigu, a^v b^v d^v f^v se à la douëlle intrados du voussoir, s'il s'agit d'un voussoir de petite queue, et b^v c^v g^v h^v la douëlle intrados du voussoir s'il s'agit d'un voussoir de grande queue.

Du côté de l'angle obtus a^v b^v d^v f^v sera la douëlle intrados du voussoir, s'il s'agit d'un voussoir de grande queue et b^v c^v g^v h^v la douëlle intrados du voussoir s'il s'agit d'un voussoir de petite queue.

PL. XII. Fig. 52. (plan horizontal) et Fig 52.

88. — Projections horizontales des voussoirs en longueur réelle.

— On obtiendra sur E^h et E^h_1 les projections horizontales des quatre points a^v, b^v_1, d^v, f^v du voussoir de petite queue, côté de l'angle aigu, en abaissant de ces points des perpendiculaires sur la ligne de terre (1) que l'on prolongera jusqu'à leur rencontre en a^h, b^h, d^h, f^h avec les axes d'ellipses E^h et E^h_1.

On obtiendra de même sur E^h, E^h_2 les projections horizontales des quatre points a^v, b^v, d^v, f^v, du voussoir de grande queue, côté de l'angle obtus, en abaissant de ces points des perpendiculaires sur la ligne de terre également prolongées jusqu'à leur rencontre en a^h, b^h, d^h, f^h avec les axes d'ellipses E^h, et E^h_2.

En joignant ensuite tous les points projetés par des droites a^h d^h, b^h f^h,... etc, on aura les projections horizontales de ces voussoirs en longueurs réelles.

On obtiendrait de même les projections horizontales de tous les autres voussoirs.

89. — Vraie grandeur de la face de tête et de la face de queue de chaque voussoir.

— Pour avoir la face de tête des voussoirs on portera sur les normales N^v, N^v_1, et N^v_2 à partir de a^v, b^v, c^v, des longueurs a^v K^v, b^v l^v, c^v m^v, égales à 0.60, hauteur du bandeau de la face de tête.

Figure 52.

Pour obtenir les points appartenant à l'extrados de la face de queue ou face postérieure du voussoir il suffira de porter des points d^v, f^v, toujours sur la direction des normales précitées des longueurs d^v n^v, f^v o^v égales à 0.60 pour les voussoirs de petite et de grande queues, toutes ces longueurs en montant.

---

(1) On prend pour ligne de terre une ligne quelconque simulant l'intersection du plan vertical avec le plan horizontal,

·Les projections horizontales et verticales obtenues, on remarque que les faces planes $a^v b^v K^v l^v$, $d^v f^v n^v o^v$ d'un voussoir quelconque étant parallèles au plan vertical, sont données en vraies grandeurs par leurs projections verticales et que les faces latérales $a^v K^v d^v n^v$ et $b^v l^v o^v f^v$ font avec la face de tête $a^v b^v l^v K^v$ des angles droits.

Vraies grandeurs des panneaux.

Pour connaître complétement le voussoir il faut encore déterminer les vraies grandeurs des deux faces latérales, et celle du panneau de douëlle ainsi qu'il suit :

PL. XII. Fig. 52   **90. — Vraies grandeurs des faces latérales.** — Si du point f^v extrémité de la projection verticale de la queue du voussoir en douëlle on élève sur $l^v b^v$, joint du voussoir de tête ou sur son prolongement une perpendiculaire $f^v f$ égale à la longueur réelle du voussoir. (Cette longueur est de 0.50 pour les voussoirs de petite queue et de 0.70 pour les voussoirs de grande queue) et qu'on joigne le point f au point b^v, l'angle $l^v b^v f$ sera celui du panneau que fait le joint de tête avec celui de douëlle, et en élevant du point f une parallèle $f o$ égale à 0.60, hauteur du bandeau de tête, on aura $l^v b^v f o$ pour le panneau d'un des côtés du voussoir, l'autre panneau $K^v a^v d n$ s'obtiendra exactement de la même manière.

PL. XII. Fig. 52.   **91. — Projection horizontale d'un voussoir et du panneau de douëlle en longueur réelle.** En abaissant des points K^v, l^v, a^v, b^v des perpendiculaires sur la ligne de terre, prolongées jusqu'à la ligne $A B$, en K^h, l^h, a^h, b^h, ces points donneront sur cette ligne la projection horizontale de la face de tête.

En abaissant également des points n^v, o^v, d^v, f^v, des perpendiculaires à la ligne de terre, prolongées dans le plan horizontal jusqu'à leur rencontre avec la ligne $O P$ en n^h, o^h, d^h, f^h ces points donneront sur $O P$ la projection horizontale de la face postérieure ou face, de queue du voussoir. (*La ligne O P est distante de la ligne A B de 0.50 pour les voussoirs de petite queue et de 0.70 pour les voussoirs de grande queue*).

En joignant par des droites le point b^h au point f^h, le point a^h à d^h, le point l^h à o^h et le point K^h à n^h on aura le plan horizontal du voussoir réprésenté par $K^h l^h a^h b^h n^h o^h d^h f^h$.

Dans ce plan, $l^h o^h K^h n^h$ représente la face supérieure, celle opposée à la douëlle.

Et b^h f a^h d^h la face de douëlle en longueur réelle qu'il s'agit de ramener en véritable grandeur.

PL. XII. Fig. 52   **92. — Panneau de douëlle ramené en véritable grandeur sur le plan horizontal. —** Du point a^h et avec une ouverture de compas égale au joint de douëllo a^v d on décrit un arc de cercle coupant en d^h la perpendiculaire abaissée du point d^v. — Du point b^h et avec une ouverture de compas égale au joint de douëlle b^v f on décrit un autre arc de cercle coupant en f^h la perpendiculaire abaissée du point f^v.

En joignant par une droite les points d^h et f^h, on obtient a^h d^h b^h f^h pour le panneau de douëlle en véritable grandeur.

On trouverait de même la véritable grandeur du panneau opposé à celui de douëlle.

PL. XII. Fig. 52.   N. B. Nous avons indiqué sur le plan horizontal du panneau, la véritable grandeur de la douëlle au-delà de la ligne O P, ce qui n'a pas lieu en réalité, attendu que la queue d^h f^h du panneau est limitée sur le plan horizontal de la voûte par les grands axes d'ellipses donnant la position de l'extrémité de la longueur réelle des voussoirs et des panneaux développés.

Les points d^h et d'^h, f^h f^h sont donc communs sur le plan horizontal de la voûte, le plus de longueur obtenue par la véritable grandeur sur le plan du panneau est produit par l'inclinaison des douëlles, qui, à partir de la face de tête, vont en montant pour les voussoirs aigus et en descendant pour les voussoirs obtus, ce qu'on reconnaît à l'inspection des figures.

PL. XII. Fig. 52 *bis.*   La figure 52 *bis* donne le rabattement en véritable grandeur des 4 panneaux du voussoir aigu de la figure 52.

93. — Taille des voussoirs. — Pour ce qui concerne les parties trop aiguës des extrémités de la douëlle et la disposition à donner à l'extrados des voussoirs situés du côté de l'angle obtus et aux plans inclinés de l'extrados des voussoirs, côté de l'angle aigu, nous renvoyons pour pouvoir remédier à ces inconvénients, aux n°ˢ 16, 22, 39, 40 et 41 de l'appareil hélicoïdal.

PL. XII. Fig. 50.   **94. — Tracé des ellipses. —** Nous terminerons cette partie en faisant remarquer que la réussite de l'épure dépend de l'exactitude avec laquelle chacune des trois ellipses E, E_1^y, E_2^y, seront tracées, et surtout du soin que l'on mettra à parfaitement observer leurs positions relatives.

On fera donc bien, après avoir fait sur le terrain

le tracé des ellipses par points (n° 5), de les vérifier au moyen de la formule du n° 82.

PI. XII. Fig. 53. **95. — Tracé pratique des ellipses.** — Voici comment on opérera sur le terrain, c'est-à-dire, sur une aire en plâtre bien dressée.

On tracera une droite de 21^{m}851 représentant le grand axe $A \, B$ de l'ellipse intrados de la tête E^h. — Au point A, et au moyen d'un rapporteur assez grand, on mesurera un angle de 108° 10', lequel donnera la direction de la naissance $A \, C$.

Au point B on mesurera également avec le rapporteur un angle de 40° 28' 35'' que fait le grand axe $A \, B$ avec la direction de la naissance $B \, D$ (1).

Sur le grand axe $A \, B$, on élèvera deux perpendiculaires $p \, p'$, $p \, p'$ égales chacune à 8.75, longueur de la voûte entre les faces de tête, puis on fera passer par les points p', p', une droite qu'on prolongera indéfiniment qui rencontrera en C et D les directions des naissances. Ces points C et D seront les extrémités du grand axe de l'ellipse intrados de l'autre tête de la voûte. Si le tracé est bien fait, on trouvera au point C un angle de 71° 50', et au point D un angle de 138° 31' 25'', mesurés sur l'axe $C \, D$ et avec les directions $A \, C$ et $B \, D$ des naissances.

On déterminera ensuite le point f', milieu du grand axe $C \, D$, puis on fera passer par le milieu des grands axes des ellipses de tête, la droite $f \, f'$; si le tracé est exact on trouvera 57° 25' 22'' pour l'angle $A \, f \, f'$ que fait le grand axe $A \, B$ avec la ligne $f f'$ (angle calculé).

PL. XIII. Fig. 53. Enfin, on tracera parallèlement au grand axe E^h de l'ellipse de tête, les droites E^h_1 et E^h_2 distantes de
PL. XIII. 0.50 et de 0.70 de l'axe E^h, et par les points a et a',
Fig. 54 et 55. intersections de la ligne $f \, f'$ avec les axes E^h_1 et E^h_2 on abaissera des perpendiculaires sur l'axe E^h, les rencontres c et c' de ces perpendiculaires, donneront sur le grand axe E^h ou sur la trace de la face verticale de la voûte les centres de similitude des ellipses des faces postérieures des petites et des grandes queues des voussoirs, qu'on tracera comme on l'a indiqué ci-dessus.

Les deux têtes de la voûte n'étant pas semblables on fera séparément l'épure de chacune d'elles.

Tracé théorique Nous donnons ci-après les données nécessaires
des ellipses. pour éviter de faire sur le terrain le tracé complet du

---

(1). Ces angles sont ceux des alignements droits relevés sur le terrain et dont on ne pouvait départir, ou calculés suivant les directions des culées avec les ouvertures $A \, B$ et $C \, D$ du pont.

plan horizontal des naissances de la voûte et le moyen de trouver par calculs les centres de similitude des ellipses de tête.

96. — Longueurs des grands axes des el-lipses des queues ou faces postérieures des voussoirs de tête.

En retranchant du grand axe $A\,B$ de l'ellipse d'une tête le grand axe $C\,D$ de l'ellipse de l'autre tête de la voûte, on a pour différence entre ces deux axes $21.851 - 16.413 = 5.438$.

La longueur de la voûte entre les deux têtes étant de 8.75, en divisant 5.438 par 8.75, on trouve que l'ouverture de la voûte, diminue de la tête $A\,B$ à la tête $C\,D$ de $\dfrac{5.438}{8.75} = 0^m621485$ par mètre.

De là on trouve pour les longueurs des grands axes des ellipses situées à 0.50 et 0.70 de chaque tête.

Tête $A\,B$:

Grand axe E_1^h de l'ellipse sise à 0.50 de la tête $= 21.851 - 0.621485 \times 0.50 = 21^m510$

Grand axe E_2^h de l'ellipse sise à 0.70 de la tête $= 21.851 - 0.621485 \times 0.70 = 21^m416$

Tête $C\,D$:

Grand axe E_1^h de l'ellipse sise à 0.50 de la tête $= 16.413 + 0.621485 \times 0.50 = 16^m724$

Grand axe E_2^h de l'ellipse sise à 0.70 de la tête $= 16.413 + 0.621485 \times 0.70 = 16^m848$

97. — Position des centres de similitude des ellipses des faces postérieures des vous-soirs situées à 0.50 et 0.70 des faces de tête, projetés sur les grands axes E^h des ellipses

de tête. — En menant par le point a, centre du grand axe E_1^h de l'ellipse limitant les petites queues des voussoirs, une parallèle $a\,g$ au côté $B\,D$ on a : $fB = fg + gB$, mais $gB = ab$, donc $fB = fg + ab$ et $fg = fB - ab$, remplaçant dans la dernière égalité fB et ab par leur valeur on a : $fg = 10.9255 - 10.77 = 0.1555$.

Abaissant de a, de b et de d des perpendiculaires ac, bm et dn sur l'axe $A\,B$, on obtient pour mB :

$$R : \text{Tang } 40^o\,28'\,35'' :: Bm : bm$$

$$R : \text{Tang } 40^o\,28'\,35'' :: Bm : 0.50$$

$$Bm = \frac{R \times 0.50}{\text{Tang. } 40^o\,28'\,35''} = 0.475$$

On trouve de même pour An :

$$R : \text{Tang. } 71^o\,50' :: An : 0.50$$

$$An = \frac{R \times 0.50}{\text{Tang. } 71^o\,50'} = 0.164$$

à cause des parallèles $B\,b$ et $g\,a$ on a $mB = cg$

mais $cg = cf + fg$ d'où l'on tire $cf = cg - fg$ remplaçant cg et fg par leur valeur, on trouve que $cf = 0.475 - 0.1555 = 0.3195$.

PL. XIII.
Fig. 55.

En menant comme ci-dessus par le point a', centre du grand axe $E\frac{h}{2}$ de l'ellipse des grandes queues des voussoirs, une parallèle $a'g'$ au côté BD on a :
$fg' = fB - g'B$, mais $g'B = a'b'$, donc $fB = fg' + a'b'$ et $fg' = fB - a'b'$ remplaçant dans la dernière égalité fB et $a'b'$, par leur valeur on a $fg' = 10.9255 - 10.708 = 0.2175$.

Abaissant de a', de b' et de d' des perpendiculaires $a'c'$, $b'm'$ et $d'n'$ sur l'axe AB on obtient pour $m'B$.

$R :$ Tang. $46° 28' 35'' :: Bm' : n'b'$.

$R :$ Tang. $46° 28' 35'' :: Bm' : 0.70$

$$Bm' = \frac{R \times 0.70}{\text{Tang. } 46° 28' 35''} = 0^m6648$$

On trouve de même pour An'

$R :$ Tang. $71° 50' :: An' : 0.70$

$$An' = \frac{R \times 0.70}{\text{Tang. } 71° 50'} = 0.2207$$

à cause des parallèles Bb' et $g'a'$ on a $m'B = c'g'$ mais $c'g' = c'f + fg'$ d'où l'on tire $c'f = c'g' - fg'$ remplaçant $c'g'$ et fg' par leur valeur on trouve que $c'f = 0.6647 - 0.2175 = 0.4472$.

Connaissant $c'f$ on trouvera l'angle Afa', ou Aff' que fait le grand axe E^h avec la ligne qui coupe en deux parties égales, en f et f' les deux têtes de la voûte, par la formule :

$$R : \text{Tang. } \alpha :: fc : c'a' \quad \text{ci} : \text{Tang. } \alpha = \frac{R \times c'a'}{c'f}$$

$$\text{Tang. } \alpha = \frac{R \times 0.70}{0.4472} = 57° 25' 22''$$

PL. XII. Fig. 56. **99. Épure de la surface réglée du cintre.—** Cette question étant surtout intéressante au point de vue des fermes et par conséquent de la surface de douëlle, nous avons jugé nécessaire d'en donner quelques explications.

Le cintre a été établi sur 7 fermes espacées d'axe en axe de 1^m3666.

La distance du milieu de chaque ferme extrême (1re et 7e fermes) au plan de tête était de 0.275.

Les grands axes des ellipses du milieu de toutes les fermes ont été calculés comme on l'a déjà indiqué pour ceux des ellipses des queues des voussoirs situées à 0.50 et 0.70 des faces de tête.

La longueur de ces grands axes a donc été déduite comme il suit :

Partant du grand axe de l'ellipse de tête de *21.851*
On trouve pour le grand axe du milieu de la
1re ferme 21.851 — 0.021485 × 0.275 = *21.680*
2e   —   21.680 — 0.021485 × 1.3666 = *20.831*
3e   —   20.831 — 0.021485 × 1.3666 = *19.981*
4e   —   19.981 — 0.021485 × 1.3666 = *19.132*
5e   —   19.132 — 0.021485 × 1.3666 = *18.283*
6e   —   18.283 — 0.021485 × 1.3666 = *17.432*
7e   —   17.432 — 0.021485 × 1.3666 = *16.583*
de là on arrive à retrouver pour l'autre ellipse
de tête   16.583 — 0.021485 × 0.275 = ci...... *16.413*

Les entraits des fermes ont été bisautés aux extrémités suivant la direction des naissances convergentes en *E*.

Les vaux ont été dégauchis suivant la direction des génératrices convergentes aussi en *E*. Pour cela on a cherché comme précédemment les grands axes des ellipses des faces antérieures et des faces postérieures de chaque ferme dont l'épaisseur était de *0.25*; ces grands axes ont ensuite été diminués de *0.16* de longueur pour faire le tracé des ellipses des fermes sur lesquelles les couchis de *0.08* d'épaisseur, mesurés normalement aux ellipses, ont été posés.

Partant encore du grand axe de l'ellipse de tête
de *21.851*

on trouve pour les grands axes des ellipses
des fermes :

1re Ferme { Face antérieure : 21.851 — 0.021485 × 0.15 = 21.758 — 0.16 = 21.598 (1)
{ Face postérieure : 21.758 — 0.021485 × 0.25 = 21.602 — 0.16 = 21.442

2e Ferme { Face antérieure : 21.602 — 0.021485 × 1.1166 = 20.909 — 0.16 = 20.704
{ Face postérieure : 20.909 — 0.021485 × 0.25 = 20.753 — 0.16 = 20.593

3e Ferme { Face antérieure : 20.753 — 0.021485 × 1.1166 = 20.050 — 0.16 = 19.890
{ Face postérieure : 20.050 — 0.021485 × 0.25 = 19.904 — 0.16 = 19.744

4e Ferme { Face antérieure : 19.904 — 0.021485 × 1.1166 = 19.210 — 0.16 = 19.050
{ Face postérieure : 19.210 — 0.021485 × 0.25 = 19.054 — 0.16 = 18.894

5e Ferme { Face antérieure : 19.054 — 0.021485 × 1.1166 = 18.360 — 0.16 = 18.200
{ Face postérieure : 18.360 — 0.021485 × 0.25 = 18.205 — 0.16 = 18.045

6e Ferme { Face antérieure : 18.205 — 0.021485 × 1.1166 = 17.511 — 0.16 = 17.351
{ Face postérieure : 17.511 — 0.021485 × 0.25 = 17.356 — 0.16 = 17.196

7e Ferme { Face antérieure : 17.356 — 0.021485 × 1.1166 = 16.662 — 0.16 = 16.501
{ Face postérieure : 16.662 — 0.021485 × 0.25 = 16.506 — 0.16 = 16.346

de là on arrive à retrouver pour l'ellipse de
l'autre tête 16.506 — 0.021485 × 0.43 = ci...... *16.413*

Tous ces grands axes ayant leur centre de similitude sur la droite *G E* qui divise en deux parties égales les ellipses de tête, on peut faire séparément l'épure de chaque ferme en recherchant, par de sim-

_____

(1). 0.15 est la distance entre la face de tête de la voûte et la face antérieure de la 1re ferme.

ples résolutions trigonométriques ou au moyen des triangles d'obliquité, la position du centre de similitude de l'ellipse postérieure projeté sur le grand axe de l'ellipse antérieure et éviter par là de construire entièrement le plan de toutes les fermes.

Toutes les fermes étant de la même largeur, 0^m25, il suffit de rechercher pour une seule d'elles la largeur des biseaux des entraits accusés sur les naissances et la position des centres de similitude des axes des ellipses.

PL. XII. Fig. 50. *Largeur de la recoupe ou biseau des en-traits suivant la direction de la naissance A C.* (Triangle d'obliquité n° 1).

$$0.32814 : 1.00 :: x : 0.25$$
$$x = \frac{0.25 \times 0.32814}{1.00} = 0^m082$$

Largeur de la recoupe ou biseau des en-traits suivant la direction de la naissance B D. (Triangle d'obliquité n° 2).

$$0.94975 : 1.00 :: x : 0.25$$
$$x = \frac{0.94975 \times 0.25}{1.00} = 0.237$$

Position du centre de similitude de l'ellipse postérieure projeté sur le grand axe de l'el-lipse de la face antérieure. (Triangle d'obliquité n° 2.)

$$0.63896 : 1.00 :: x : 0.25$$
$$x = \frac{0.63896 \times 0.25}{1.00} = 0.15974$$

Connaissant la montée du cintre, les grands axes et la position des centres de similitude des deux el-lipses de chaque ferme, on obtiendra le dégauchisse-ment des vaux en construisant les ellipses par points (n° 5) ou au moyen de la formule (n° 82).

PL. XII. Fig. 56
Voir les calculs
ci-dessus) Supposons maintenant qu'au moyen du grand axe $21^m.598$ de l'ellipse antérieure de la première ferme, de $16^m.340$ grand axe de l'ellipse postérieure de la septième ferme et de la montée du cintre $5.628 — 0.08 = 5.548$, on ait tracé les deux ellipses précitées par points (n° 5), que leurs grands axes $a\,b$, $c\,d$ aient été divisés chacun en 24 parties égales et que des points de division on ait élevé des perpendiculaires jusqu'à la rencontre des ellipses. En joignant par une droite la première division a de l'ellipse antérieure de la première ferme à la première division a de l'ellipse postérieure de la septième ferme, cette droite prolon-gée rencontrera la verticale élevée en E et sera une

génératrice de la face réglée de cintre, c'est-à-dire, des vaux des fermes.

En admettant que toutes les ellipses des fermes intermédiaires aient été tracées, cette droite ou génératrice coupera toutes les ellipses antérieures et postérieures en un point a et donnera pour chaque ferme une première direction $a\,a\ldots a\,a$ du dégauchissement des vaux.

En répétant cette opération pour chaque division des grands axes des ellipses, on obtiendra toutes les directions $bb\ldots cc\ldots dd\ldots ff\ldots$ du dégauchissement des vaux de toutes les fermes, et les ordonnées élevées des grands axes des ellipses appartenant à une même génératrice seront toutes égales entre elles.

Le dégauchissement des vaux étant achevé et les fermes mises en place, il ne restera plus qu'à poser les couchis suivant la direction des génératrices, c'est-à-dire, convergents tous vers la verticale élevée en E, pour que la surface du cintre soit bien réglée.

Nous ne figurons sur le croquis que trois fermes et encore sont elles exagérées comme largeur pour que les ellipses ne se confondent pas.

99. — Tracé des ellipses intermédiaires par abscisses. — Nous avons donné la formule pour tracer les ellipses par ordonnées étant connus le grand axe, la montée ou le demi petit axe et le nombre de divisions du grand axe. (Voir n° **82**).

PL. XII. Fig. 57   Au moyen de la formule $a + \dfrac{m}{n}(b - a)$ on pourra tracer les ellipses intermédiaires par abscisses en se servant du grand axe de l'ellipse précédente divisé en un certain nombre de parties.

Cette formule donne la différence d'abscisses entre un point quelconque d'une ellipse donnée et celui de l'ellipse à tracer, ces deux points étant situés sur une même génératrice, appartiennent sur ces ellipses à des ordonnées égales.

Dans cette formule :

a représente la distance entre le point A de l'ellipse donnée et le pied t' de la perpendiculaire abaissée du point q' situé sur le grand axe $q'\,q$, de l'ellipse à tracer parallèlement à $A\,B$.

b la distance entre le point B de l'ellipse donnée et le pied t de la perpendiculaire abaissée du point q situé sur le grand axe $q'\,q$ de l'ellipse à tracer.

m le nombre de divisions comprises depuis le point A jusqu'à une division quelconque allant vers B ou bien le numéro d'ordre d'une division quelconque du grand axe $A\,B$ de l'ellipse donnée.

n le nombre de divisions du grand axe $A\,B$.

Les valeurs a et b s'obtiendront comme on l'a déjà indiqué ci-dessus (n° 97).

Application de cette formule. — Prenons pour exemple l'ellipse de tête et celle de la queue des voussoirs située à 0.70 de la tête de la voûte, en supposant le grand axe $A\,B$ de l'ellipse de tête, divisé en 24 parties égales.

Les valeurs de a et de b étant connues : $a = 0.2297$
$$b = 0.6648$$
$$b - a = 0.6648 - 0.2297 = 0.4351$$

En remplaçant dans la formule $a + \dfrac{m}{n}\,(b - a)$

les lettres par leur valeur on obtient :

$$0.2297 + \frac{m}{24}\,(0.6648 - 0.2297)$$

ou $0.2297 + \dfrac{m}{24}\,(0.4351).$

100. — **Tableau des différences d'abscisses et des ordonnées y correspondantes.** — Le tableau suivant donne; dans la deuxième colonne les facteurs et les valeurs trouvés pour les différences d'abscisses, dans la troisième colonne les ordonnées correspondantes. *(Pour les ordonnées il suffit de calculer les 12 premières, les 12 suivantes étant les mêmes.)*

Tracé de l'ellipse située à 0.70 de celle du plan de tête.

N°s des divisions.	Différences d'abscisses Formule : $0.2297 \times \dfrac{m}{24}\,(0.4351)$		Ordonnées correspondantes aux différences d'abscisses Formule : $\dfrac{5.028}{12}\,\sqrt{24\,n - n^2}$ ou $0.409\,\sqrt{24\,n - n^2}$	
0		0.2297	$0.409\,\sqrt{24 \times 0 - 0}$	$= 0.00$
1	0.2297	$+\dfrac{1}{24}(0.4351) = 0.2478$	$0.409\,\sqrt{24 \times 1 - 1^2}$	$= 2.249$
2	0.2297	$+\dfrac{2}{24}(0.4351) = 0.2660$	$0.409\,\sqrt{24 \times 2 - 2^2}$	$= 2.970$
3	0.2297	$+\dfrac{3}{24}(0.4351) = 0.2841$	$0.409\,\sqrt{24 \times 3 - 3^2}$	$= 3.722$
4	0.2297	$+\dfrac{4}{24}(0.4351) = 0.3022$	$0.409\,\sqrt{24 \times 4 - 4^2}$	$= 4.195$
5	0.2297	$+\dfrac{5}{24}(0.4351) = 0.3203$	$0.409\,\sqrt{24 \times 5 - 5^2}$	$= 4.571$

6	$0.2207 + \dfrac{6}{24}(0.4351) = 0.3385$	0.469	$\sqrt{24 \times 6 - 6^2} = 4.875$
7	$0.2207 + \dfrac{7}{24}(0.4351) = 0.3566$	0.469	$\sqrt{24 \times 7 - 7^2} = 5.116$
8	$0.2207 + \dfrac{8}{24}(0.4351) = 0.3747$	0.469	$\sqrt{24 \times 8 - 8^2} = 5.306$
9	$0.2207 + \dfrac{9}{24}(0.4351) = 0.3929$	0.469	$\sqrt{24 \times 9 - 9^2} = 5.449$
10	$0.2207 + \dfrac{10}{24}(0.4351) = 0.4110$	0.469	$\sqrt{24 \times 10 - 10^2} = 5.549$
11	$0.2207 + \dfrac{11}{24}(0.4351) = 0.4291$	0.469	$\sqrt{24 \times 11 - 11^2} = 5.608$
12	$0.2207 + \dfrac{12}{24}(0.4351) = 0.4473$	0.469	$\sqrt{24 \times 12 - 12^2} = 5.628$
13	$0.2207 + \dfrac{13}{24}(0.4351) = 0.4654$	0.469	$\sqrt{24 \times 13 - 13^2} = 5.608$
14	$0.2207 + \dfrac{14}{24}(0.4351) = 0.4835$	0.469	$\sqrt{24 \times 14 - 14^2} = 5.549$
15	$0.2207 + \dfrac{15}{24}(0.4351) = 0.5016$	0.469	$\sqrt{24 \times 15 - 15^2} = 5.449$
16	$0.2207 + \dfrac{16}{24}(0.4351) = 0.5198$	0.469	$\sqrt{24 \times 16 - 16^2} = 5.306$
17	$-0.2207 + \dfrac{17}{24}(0.4351) = 0.5379$	0.469	$\sqrt{24 \times 17 - 17^2} = 5.116$
18	$0.2207 + \dfrac{18}{24}(0.4351) = 0.5560$	0.469	$\sqrt{24 \times 18 - 18^2} = 4.875$
19	$0.2207 + \dfrac{19}{24}(0.4351) = 0.5742$	0.469	$\sqrt{24 \times 19 - 19^2} = 4.571$
20	$0.2207 + \dfrac{20}{24}(0.4351) = 0.5923$	0.469	$\sqrt{24 \times 20 - 20^2} = 4.195$
21	$0.2207 + \dfrac{21}{24}(0.4351) = 0.6104$	0.469	$\sqrt{24 \times 21 - 21^2} = 3.732$
22	$0.2207 + \dfrac{22}{24}(0.4351 = 0.6285$	0.469	$\sqrt{24 \times 22 - 22^2} = 2.970$
23	$0.2207 + \dfrac{23}{24}(0.4351 = 0.6467$	0.469	$\sqrt{24 \times 23 - 23^2} = 2.249$
24	$0.2207 + \dfrac{24}{24}(0.4351) = 0.6648$	0.469	$\sqrt{24 \times 24 - 24^2} = 0$

NOTA. — On pourrait vers les naissances diviser la 1re, et la dernière divisions en 4 nouvelles parties égales, les différences d'abscisses et les ordonnées qui correspondraient à chacune de ces nouvelles divisions seraient alors calculées;

pour les différences d'abscisses par la formule :

$$0.2207 + \frac{m}{96} \times 0.4351$$

pour les ordonnées par la formule;

$$\frac{5.628}{48} \sqrt{00\,n - n^2}$$

Tout ce que nous venons d'indiquer pour l'ellipse située à *0.70* du plan tête, est également applicable à l'ellipse située à *0.50* et à toute autre ellipse. On n'a pour arriver aux résultats qu'à remplacer dans les formules générales les lettres par les valeurs qu'elles représentent.

SUPPLÉMENT

—

Nous ajoutons à ce traité une formule, résultant de simples démonstrations de triangles, au moyen de laquelle on peut obtenir **les angles des panneaux formés par l'intersection de deux murs avec fruit et une horizontale menée sur la face même de ces murs quels que soient l'angle plan et les fruits donnés** (1).

PL. XIV.
—
Croquis 1.

Dans cette formule ; Tang $X = \dfrac{\dfrac{\text{Tang}\,\Theta \times R}{2}}{\text{Cos. } \alpha}$

Θ représente l'angle plan total *BAD* et α l'angle *sDc* que fait le fruit du mur avec sa base fruit que l'on peut représenter par l'hypothénuse *SD* d'un triangle-rectangle *SED* dont la hauteur *SE* a autant de mètres que le fruit du mur indique d'unités; et pour base *DE*, l'unité même.

Ainsi lorsque le fruit d'un mur est de 1/15ᵉ, l'angle α est celui opposé à la hauteur 15ᵐ du triangle rectangle ayant *1ᵐ.00* de base (2).

Croquis 1.

La formule ci-dessus est applicable lorsque le fruit de deux murs est le même, quelque soit leur angle plan.

Trouver l'angle des panneaux de l'intersection A s de deux murs avec fruit de 1/15ᵉ, l'angle plan BAD de ces murs étant de 60ᵒ (3).

---

(1) Nous désignons par *intersection* l'arête de face A s des 2 murs parce que nous ne considérons ici que leurs surfaces.

(2) On a représenté dans les triangles (croquis 1 à 5) par des parties hachurées à plus petite échelle que les plans, la coupe normale de chaque mur en fruit, ramenée à l'angle du sommet de l'arête A s de l'intersection des deux murs

(3) Nous désignons par *angle d'un panneau de l'intersection* celui formé par l'arête A s et une horizontale menée sur la face même de l'un des murs.

On cherche d'abord l'angle du fruit de 1/15· par la proportion : - R : Tang α : : $1^m.00 : 15^m.00$

d'où Tang $\alpha = \dfrac{R \times 15^m.00}{1^m.00} = 86° \ 11' \ 9''$

Remplaçant dans la formule : Tang. $X = \dfrac{\text{Tang } \dfrac{\Theta}{2} \times R}{\text{Cos } \alpha}$

les lettres par leur valeur, on trouve pour l'angle des panneaux : Tang $X = \dfrac{\text{Tang } \dfrac{60°}{2} \times R}{\text{Cos. } 86° \ 11' \ 9''} = 83° \ 25' \ 9''$

On trouverait par la même opération l'angle des panneaux des murs raccordés par l'angle plan BAD de 120°.

Croquis 2. *Soit encore à trouver l'angle des panneaux de l'intersection de deux murs avec fruit de 1/15ᵉ l'angle plan de ces murs étant droit.*

En appliquant la formule on a ·

Tang $X = \dfrac{\text{Tang } \dfrac{90°}{2} \times R}{\text{Cos } \alpha} = \dfrac{\text{Tang } 45° \times R}{\text{Cos } 86° \ 11' \ 9''} = 86·11'24''$

On sait dans ce cas que la Tang 45° est égale au rayon des tables.

Croquis 3. La formule tang $X = \dfrac{\text{Tang } \Theta \times R}{\text{Cos } \alpha}$ est applicable lorsque le fruit n'existe qu'à l'un des deux murs raccordés quelque soit l'angle plan de ces murs.

Trouver l'angle du panneau de l'intersection d'un mur avec fruit de 1/20ᵉ et d'un mur vertical, l'angle plan de ces murs étant de 60°.

On obtient l'angle du mur avec fruit de 1/20 par la proportion : R : Tang· α : : $1^m.00 : 20^m.00$

d'où Tang $\alpha = \dfrac{R \times 20^m}{1.00} = 87° \ 8' \ 15''$

Remplaçant dans la formule :

Tang $X = \dfrac{\text{Tang } \Theta \times R}{\text{Cos } \alpha}$, les lettres par leur valeur, on trouve pour l'angle du panneau cherché :

Tang $X = \dfrac{\text{Tang } 60° \times R}{\text{Cos } 87° \ 8' \ 15''} = 88° \ 20' \ 48''$

Croquis 3. *Soit encore à trouver l'angle du panneau de l'intersection d'un mur avec fruit de 1/15ᵉ et d'un mur vertical, l'angle plan de ces murs étant de 120°.*

Dans ce cas, la tangente $120°$ étant négative, il faut prendre la tangente du supplément ou de $60°$ et retrancher l'angle obtenu de $180°$ pour avoir l'angle cherché.

Exemple :

$$\text{Tang } X = \frac{\text{Tang } 120° \times R}{\text{Cos } 80°\ 11'\ 9''} \text{ ou } \frac{\text{Tang } 60° \times R}{\text{Cos } 80°\ 11'\ 9''} = 87°\ 47'\ 52''.$$

Angle du panneau cherché :

$$179°\ 59'\ 60'' - 87°\ 47'\ 52'' = 92°\ 12'\ 8''.$$

Croquis 4 et 5. Lorsque le fruit est différent pour chaque mur, la formule $\text{Tang } X = \dfrac{\text{Tang } \Theta \times R}{\text{Cos } \alpha}$ est encore applicable. — Il faut alors remplacer Θ et $\text{Cos } \alpha$ par leur valeur.

En admettant que les fruits, soient :

Pour sD de $1/15$; pour sB de $1/20$; dans la première application de la formule, Θ sera remplacé par l'angle plan $c\ A\ D$ et $\text{Cos } \alpha$ par l'angle du fruit de $1/15^e$; dans la deuxième application de la formule, Θ sera remplacé par l'angle $c\ A\ B$, et $\cos \alpha$ par l'angle du fruit de $1/20^e$.

Mais comme on ne connait que l'angle plan total, il faut alors dans ce cas commencer par rechercher les angles plans partiels; c'est ce que nous allons démontrer.

Croquis 4. **1er cas.** — *Les fruits de deux murs étant différents et raccordés en plan à angle droit ou 90°, trouver les angles plans partiels et les panneaux de l'intersection de ces murs.*

Pour obtenir les angles plans partiels, on prolonge en $c\ B$ et en $c\ D$ les projections horizontales des arêtes supérieures de la face inclinée de chaque mur jusqu'à leur rencontre avec les arêtes de la base, départ du fruit, ce qui donne les triangles semblables DcA et BcA dans lesquels on a $cB = DA$, d'où l'on obtient $\overline{Ac}^2 = \overline{Dc}^2 + \overline{cB}^2$ ou $Ac = \sqrt{\overline{Dc}^2 + \overline{cB}^2}$

Les fruits étant; l'un de $1/15^e$, l'autre de $1/20^e$, si pour un moment on suppose ces murs de 15^m de hauteur; la projection cD du fruit du mur de $1/15^e$, sera de 1^m00; celle cB du fruit du mur de $1/20^e$ s'obtiendra par la proportion : $20 : 15 : : 1 : x,$

$$\text{doù } x = \frac{15 \times 1}{20} = 0.75$$

En remplaçant dans la formule :

$$Ac = \sqrt{\overline{Dc}^2 + \overline{cB}^2}$$

les expressions par leur valeur, on a :

$$Ac = \sqrt{\overline{1.00}^2 + \overline{0.75}^2} = 1^m25$$

A c étant connu on obtient les angles plans partiels comme il suit :

Angle β R : sin. β :: 1.25 : 1.00

d'où sin. β = $\dfrac{R \times 1.00}{1.25}$ = 53° 7' 50"

Angle β' R : sin β' :: 1.25 : 0.75

d'où sin. β'= $\dfrac{R \times 0.75}{1.25}$. = 36° 52' 10"

En substituant dans la formule :

$$\text{Tang } X = \frac{\text{Tang } \Theta \times R}{\text{Cos } \alpha}.$$

Θ par les angles plans trouvés et α par l'angle du fruit applicable à chacun de ces murs, on trouve :

Pour l'angle du panneau de l'intersection du mur avec fruit de *1/15* :

$$\text{Tang } X = \frac{\text{Tang } 53° 7' 50" \times R}{\text{Cos } 80° 11' 9"} = 87° 8' 25".$$

Pour l'angle du panneau de l'intersection du mur avec fruit de *1/20* :

$$\text{Tang } X = \frac{\text{Tang } 36° 52' 10"}{\text{Cos } 87° 8' 15"} = 80° 11' 12".$$

Croquis. 5   **2° cas.** *Les fruits de deux murs étant différents et raccordés sous un angle plan aigu ou obtus :*

1° Angle aigu. — *Trouver les angles plans partiels et les angles des panneaux de l'intersection A s de deux murs avec fruit; l'un de 1/20, l'autre de 1/15, l'angle plan total de ces murs étant de 60°.*

Soient : *De* la projection horizontale du fruit du mur de 1/15, *c B* la projection horizontale du fruit du mur de 1/20° et *A c* la projection horizontale de l'intersection des deux murs.

On prolonge la ligne *cc* jusqu'à sa rencontre avec le côté *AB*, en *B'*, de ce point on abaisse une perpendiculaire *B'D'* sur le côté *AD* ou une parallèle à à *Dc*, on obtient ainsi deux triangles semblables *A B'D'* et *B B' c*.

Dans le triangle *AB'D'* on a : R : sin 60° :: *AB'* : *B'D'* ou R : 60° :: *A'B* : 1.00 (1).

d'où *AB'* = $\dfrac{R \times 1.00}{\sin 60°}$ = 1.1547

---

(1) Les projections 1°00 et 0,75 sont données pour la recherche des angles plans, en supposant les murs de 15.00 de hauteur.

Dans le triangle $B'Bc$ on a, R : Tang $60°$ :: $B'B$: Bc
ou R : Tang $60°$ :: BB' : 0.75 (1). V. p. 68.

$$\text{d'où } B'B = \frac{R \times 1.00}{\text{Tang } 60°} = 0.5774$$

d'où l'on tire $A B = A B' + B'B = 1.1547 + 0.5774$
$= 1^m7321$.

$A B$ étant connu on trouve l'angle plan γ comme
il suit :

$$R : \text{Tang } \gamma :: A B : 0.75$$

d'où Tang. $\gamma = \dfrac{R \times 0.75}{1.7321} = 23°\ 24'\ 45''$ angle plan du

raccordement du mur avec fruit de 1/20.

En retranchant cet angle de $60°$, angle plan total,
on obtient l'angle partiel γ' correspondant au mur
avec fruit de 1/15, soit $60° - 23°\ 24'\ 45'' = 36°\ 35'\ 15''$.

Ces deux angles plans partiels connus on aura les
angles des panneaux en appliquant la formule :

$$\text{Tang } X = \frac{\text{Tang } \theta \times R}{\text{Cos } \alpha}$$

dans laquelle on remplace θ par l'angle $\gamma = 23°\ 24'\ 45'$
et par l'angle $\gamma' = 36°\ 35'\ 15''$ et α par l'angle du
fruit de $1/20 = 87°\ 8'\ 15''$ et par l'angle du fruit
de $1/15 = 86°11'\ 0''$, suivant qu'on veut avoir l'un ou
l'autre panneau ; — On trouve donc :

Pour l'angle du panneau de l'intersection du mur
avec fruit de 1/20 :

$$\text{Tang } X = \frac{\text{Tang } 23°\ 24'\ 45'' \times R}{\text{Cos } 87°\ 8'\ 15''} = 83°\ 24'\ 50'$$

Pour l'angle du panneau de l'intersection du mur
avec fruit de 1/15 :

$$\text{Tang } X = \frac{\text{Tang } 36°\ 35'\ 15'' \times R}{\text{Cos } 86°\ 11'\ 0''} = 84°50'\ 25''$$

Croquis 5.　　**2° Angle obtus.** — *Trouver les angles
plans partiels et les angles des panneaux de
l'intersection A s, l'angle plan total des deux
murs étant de 120° et le reste comme ci-dessus.*
(Voir angle aigu).

On prolonge la ligne $c e$ jusqu'à sa rencontre en
B sur la ligne de base AB, on élève du point A sur
le prolongement $c B$ une perpendiculaire AG, on obtient ainsi le triangle AGB dans lequel on connaît ;
l'angle GBA égal au supplément de l'angle plan $120°$,
soit $180° - 120° = 60°$ et le côté $AG = 1^m00$.

En élevant du point B une perpendiculaire sur la
ligne $c c'$ on obtient le triangle $B c F$ dans lequel on
connaît $B F = 0.75$ et l'angle $B c F$ égal au supplément de $120°$ soit $60°$.

Dans le triangle $B c F$ on a :

R : sin. $60°$: : cB : 0.75. $cB = \dfrac{R \times 0.75}{\sin. 60°} = 0.86603$

Dans le triangle $B A G$ on a :

R : Tang. $60°$ :: BG : 1.00. $BG = \dfrac{R \times 1.00}{\text{Tang. } 60°} = 0.57735$

Retranchant BG de cB on a pour Gc........ 0.28868

$G c$ et $A G$ étant connus, on trouve l'angle $G c A$ ou son alterne interne $c A D = \gamma$, comme il suit :

R : Tang. γ :: cG ou 0.28868 : 1.00

d'où Tang. $\gamma = \dfrac{R \times 1.00}{0.28868} = 73° 53' 52''$

En retranchant $73° 53' 52''$ de $120°$ on a pour l'angle $c A B = 119° 59' 00'' - 73° 53' 52'' = 46° 06' 08''$

Les deux angles plans partiels connus, en appliquant la formule Tang $X = \dfrac{\text{Tang } \theta \times R}{\text{Cos } \alpha}$ on trouve :

Pour l'angle du panneau de l'intersection du mur avec fruit de $1/15^e$:

$$\text{Tang } X = \frac{\text{Tang } 73° 53' 52'' \times R}{\text{Cos } 80° 11' 9''} = 88° 53' 55''$$

et pour l'angle du panneau de l'intersection du mur avec fruit de $1/20^e$:

$$\text{Tang } X = \frac{\text{Tang } 46° 6' 8'' \times R}{\text{Cos } 87° 8' 15''} = 87° 14' 32''$$

PL. XIV. Croquis 6. Dès qu'on connaît l'angle $sA^h I^h$ d'un panneau de l'intersection de deux murs avec fruit, on trouve les vraies grandeurs des arêtes de ce panneau comme il suit :

Vraie grandeur de l'arête $I^h J^v$. — On l'obtient en comparant la hauteur verticale de l'assise de pierre avec un triangle rectangle $I^h J^h S$ de 1^m00 de base et ayant pour hauteur autant de mètres que le fruit du mur indique d'unités.

Nous ne donnons ici qu'un seul exemple, applicable dans tous les cas, quels que soient le fruit du mur et la hauteur d'assise, en faisant varier, bien entendu, les données du problème.

Admettons donc une assise de pierre de 0.45 de hauteur verticale et le fruit du mur de $1/15^e$.

On trouve la vraie grandeur $I^h J^v$ par la proportion : $I^h S : S J^h :: I^h J^v : 0.45$.

$I^h S = 15.033$ trouvé par calcul :

$$I^h J^v = \frac{I^h S \times .045}{S J^h} \qquad S J^h = 15$$

$$I^h J^v = \frac{15.033 \times 0.45}{15.00} = 0.451$$

L'angle α du fruit du mur étant connu *86° 11' 9"* on pourrait encore trouver la vraie grandeur de $I^h J^v$, comme suit :

$$R : Sin. \; 86° 11' 9" : : I^h J^v : 0.45$$

$$I^h J^v = \frac{R \times 0.45}{Sin.86°11'9"} = 0.451$$

Vraie grandeur de l'arête $A^h s$. — On cherche d'abord dans le plan horizontal la longueur $A^h D^h$. Cette longueur connue on détermine $A^h s$ en opérant sur le triangle rectangle $s D^h A^h$ du panneau rabattu.

En observant que l'angle plan est de *60°* et le fruit des murs de *1/15ᵉ*, on trouve; pour la projection horizontale $D^h s^h$, du fruit de l'assise de pierre,

$$\frac{0.45}{15} = 0^m 03,$$ et $A^h D^h$ par la proportion :

$$R : Tang \frac{60°}{2} : : A^h D^h : 0.03$$

$$A^h D^h = \frac{R \times 0.03}{Tang \; 30°} = 0.05196 \text{ soit } 0.052$$

Connaissant $A^h D^h$ et l'angle *83° 25' 9"* du panneau rabattu on obtient la longueur de l'arête $A^h s$ représentant aussi l'intersection des deux murs, par la proportion :

$$R : Cos. \; 83° 25' 9" : : sA^h : A^h D^h$$
$$R : Cos. \; 83° 25' 9" : : sA^h : 0.052$$

d'où $$sA^h = \frac{R \times 0.052}{Cos \; 83°25'9"} = 0.454$$

Vraie grandeur de l'arête Js. — On obtient la longueur Js de l'arête supérieure du panneau en retranchant $D^h A^h$ de la base $A^h I^h$ de la pierre d'assise, laquelle est toujours donnée.

———

Lorsque les fruits des murs raccordés seront différents, on trouvera les vraies grandeurs des arêtes de chaque panneau en opérant comme ci-dessus, bien entendu en faisant entrer dans les calculs le fruit du mur et la partie de l'angle plan y applicable.

PL. XIV.
Croquis 6.

Taille pratique d'une pierre d'angle avec fruit.—Nous prenons pour exemple la pierre aiguë de 0.45 de hauteur et d'un fruit de *1/15*, croquis n° 6, pl. XIV.

On commence par ébaucher la pierre sur toute sa hauteur suivant l'angle plan $I^h A^h N^h$, on dresse ensuite les faces supérieure et inférieure sur lesquelles on repère par des droites la position de l'arête inférieure $I^h A^h$, on divise la hauteur verticale $0^m.45$ de l'assise de pierre par *15* pour obtenir la projection

horizontále du fruit, ce qui donne 0.03 pour quotient
— On trace alors sur la face supérieure et à 0ᵐ.03 de
l'arête $I^h A^h$ une parallèle $J^h s^h$ qui représente l'arête
supérieure du fruit de la pierre, puis on abat la partie
comprise entre les lignes $I^h A^h$ et $J^h s^h$, de manière
qu'en y appliquant une règle bien droite et en la faisant glisser *sur ces lignes*, elle coïncide entièrement
avec le plan incliné déterminé par l'abattage.

En opérant de même sur l'autre côté de l'assise
de pierre on déterminera les fruits et l'intersection
$A^h s^h$.

Si au lieu du fruit de *1/15* on avait tout autre
fruit, *1/20* par exemple, on ferait le tracé de la même
manière, il faudrait alors diviser *0.45* par *20* pour
obtenir la projection horizontale du fruit, ce qui donnerait 0ᵐ0225 pour la distance entre la parallèle à
mener à la ligne $I^h A^h$.

FIN

TABLE DES MATIÈRES

SUPPLÉMENT.

FIN DE LA TABLE DES MATIÈRES.

ERRATA :

PAGES.	LIGNES.	AU LIEU DE :	LIRE :
2	30	synusoïde	sinusoïde
8	18	crosettes	crossettes
8	36	crosettes	crossettes
49	45	nécessaire	nécessaire
62	25	par abscisses	par différences d'abscisses

n le nombre de divisions du grand axe *A B*.

Les valeurs *a* et *b* s'obtiendront comme on l'a déjà indiqué ci-dessus (n° 97).

Application de cette formule. — Prenons pour exemple l'ellipse de tête et celle de la queue des voussoirs située à 0.70 de la tête de la voûte, en supposant le grand axe *A B* de l'ellipse donnée, divisé en 24 parties égales.

Les valeurs de *a* et de *b* étant connues : $a = 0.2297$
$$b = 0.6648$$
$$b - a = 0.6648 - 0.2297 = 0.4451$$

En remplaçant dans la formule $a + \dfrac{m}{n}(b - a)$,

les lettres par leurs valeurs on obtient :

$$0.2297 + \frac{m}{24}(0.6648 - 0.2297).$$

ou $0.2297 + \dfrac{m}{24}(0.4351)$,

100. — **Tableau des différences d'abscisses et des ordonnées y correspondantes.** — Le tableau suivant donne, dans la deuxième colonne les facteurs et les valeurs trouvées pour les différences d'abscisses, dans la troisième colonne les ordonnées correspondantes. *(Pour les ordonnées il suffit de calculer les 12 premières, les 12 suivantes étant les mêmes.)*

Tracé de l'ellipse située à 0.70 de celle du plan de tête.

N°s des divisi°ns	Différences d'abscisses Formule : $0.227 \times \dfrac{m}{24}(0.4351)$	Ordonnées correspondantes aux différences d'abscisses Formule : $\dfrac{5.628}{12}\sqrt{24\,n - n^2}$ ou : $0.169\sqrt{24\,n - n^2}$
0	0.2297	$0.169\sqrt{24 \times 0 - 0^2} = 0.00$
1	$0.2297 + \dfrac{1}{24}(0.4351) = 0.2478$	$0.169\sqrt{24 \times 1 - 1^2} = 2.249$
2	$0.2297 + \dfrac{2}{24}(0.4351) = 0.2841$	$0.169\sqrt{24 \times 2 - 2^2} = 2.970$
3	$0.2297 + \dfrac{3}{24}(0.4351) = 0.2841$	$0.169\sqrt{24 \times 3 - 3^2} = 3.723$
4	$0.2297 + \dfrac{4}{24}(0.4351) = 0.3022$	$0.169\sqrt{24 \times 4 - 4^2} = 4.405$
5	$0.2297 + \dfrac{5}{24}(0.4351) = 0.3203$	$0.169\sqrt{24 \times 5 - 5^2} = 4.571$

n le nombre de divisions du grand axe *A B*.

Les valeurs *a* et *b* s'obtiendront comme on l'a déjà indiqué ci-dessus (n° **97**).

Application de cette formule. — Prenons pour exemple l'ellipse de tête et celle de la queue des voussoirs située à 0.70 de la tête de la voûte, en supposant le grand axe *A B* de l'ellipse donnée, divisé en 24 parties égales.

Les valeurs de *a* et de *b* étant connues : $a = 0.2207$
$$b = 0.6648$$
$$b - a = 0.6648 - 0.2207 = 0.4451$$

En remplaçant dans la formule $a + \dfrac{m}{n} (b - a)$,

les lettres par leurs valeurs on obtient :

$$0.2207 + \frac{m}{24} (0.6648 - 0.2207).$$

ou $0.2207 + \dfrac{m}{24} (0.4351)$,

100. — Tableau des différences d'abscisses et des ordonnées y correspondantes. — Le tableau suivant donne, dans la deuxième colonne les facteurs et les valeurs trouvées pour les différences d'abscisses, dans la troisième colonne les ordonnées correspondantes. *(Pour les ordonnées il suffit de calculer les 12 premières, les 12 suivantes étant les mêmes.)*

Tracé de l'ellipse située à 0.70 de celle du plan de tête.		
N°˙ des divisi˙˙	Différences d'abscisses Formule : $0.227 \times \dfrac{m}{24} (0.4351)$	Ordonnées correspondantes aux différences d'abscisses Formule : $\dfrac{5.628}{12} \sqrt{24\,n - n^2}$ ou : $0.169 \sqrt{24\,n - n^2}$
0	0.2207	$0.169 \sqrt{24 \times 0 - 0^2} = 0.00$
1	$0.2207 + \dfrac{1}{24} (0.4351) = 0.2478$	$0.169 \sqrt{24 \times 1 - 1^2} = 2.249$
2	$0.2207 + \dfrac{2}{24} (0.4351) = 0.2841$	$0.169 \sqrt{24 \times 2 - 2^2} = 2.070$
3	$0.2207 + \dfrac{3}{24} (0.4351) = 0.2841$	$0.169 \sqrt{24 \times 3 - 3^2} = 3.733$
4	$0.2207 + \dfrac{4}{24} (0.4351) = 0.3022$	$0.169 \sqrt{24 \times 4 - 4^2} = 4.105$
5	$0.2207 + \dfrac{5}{24} (0.4351) = 0.3203$	$0.169 \sqrt{24 \times 5 - 5^2} = 1.571$

6	$0.2207 + \dfrac{6}{24}(0.4351) = 0.3385$	0.470	$\sqrt{24 \times 6 - 6^2} = 4.875$
7	$0.2207 + \dfrac{7}{24}(0.4351) = 0.3566$	0.469	$\sqrt{24 \times 7 - 7^2} = 5.110$
8	$0.2207 + \dfrac{8}{24}(0.4351) = 0.3747$	0.469	$\sqrt{24 \times 8 - 8^2} = 5.300$
9	$0.2207 + \dfrac{9}{24}(0.4351) = 0.3929$	0.469	$\sqrt{24 \times 9 - 9^2} = 5.410$
10	$0.2207 + \dfrac{10}{24}(0.4351) = 0.4110$	0.469	$\sqrt{24 \times 10 - 10^2} = 5.510$
11	$0.2207 + \dfrac{11}{24}(0.4351) = 0.4291$	0.469	$\sqrt{24 \times 11 - 11^2} = 5.608$
12	$0.2207 + \dfrac{12}{24}(0.4351) = 0.4473$	0.469	$\sqrt{24 \times 12 - 12^2} = 5.623$
13	$0.2207 + \dfrac{13}{24}(0.4351) = 0.4654$	0.469	$\sqrt{24 \times 13 - 13^2} = 5.608$
14	$0.2207 + \dfrac{14}{24}(0.4351) = 0.4850$	0.469	$\sqrt{24 \times 14 - 14^2} = 5.549$
15	$0.2207 + \dfrac{15}{24}(0.4351) = 0.5016$	0.469	$\sqrt{24 \times 15 - 15^2} = 5.549$
16	$0.2207 + \dfrac{16}{24}(0.4351) = 0.5198$	0.469	$\sqrt{24 \times 16 - 16^2} = 5.300$
17	$0.2207 + \dfrac{17}{24}(0.4351) = 0.5370$	0.469	$\sqrt{24 \times 17 - 17^2} = 5.110$
18	$0.2207 + \dfrac{18}{24}(0.4351) = 0.5560$	0.469	$\sqrt{24 \times 18 - 18^2} = 4.875$
19	$0.2207 + \dfrac{19}{24}(0.4351) = 0.5743$	0.469	$\sqrt{24 \times 19 - 19^2} = 4.571$
20	$0.2207 + \dfrac{20}{24}(0.4351) = 0.5923$	0.469	$\sqrt{24 \times 20 - 20^2} = 4.195$
21	$0.2207 + \dfrac{21}{24}(0.4351) = 0.6101$	0.469	$\sqrt{24 \times 21 - 21^2} = 3.733$
22	$0.2207 + \dfrac{22}{24}(0.4351) = 0.6285$	0.469	$\sqrt{24 \times 22 - 22^2} = 3.070$
23	$0.2207 + \dfrac{23}{24}(0.4351) = 0.6467$	0.469	$\sqrt{24 \times 23 - 23^2} = 2.249$
24	$0.2207 + \dfrac{24}{24}(0.4351) = 0.6648$	0.469	$\sqrt{24 \times 24 - 24^2} = 0$

NOTA. — On pourrait vers les naissances deviser la 1re, et la dernière divisions en 4 nouvelles parties égales, les différénces d'abscisses et les ordonnées qui correspondent à chacune de ces nouvelles divisions seraient alors calculées,

pour les différences d'abscisses par la formule

$$0.2207 + \frac{m}{96}\,0.4351$$

pour les ordonnées par la formule

$$\frac{5.028}{48}\sqrt{.06\,n - \pi\,2}$$

Tout ce que nous venons d'indiquer pour l'ellipse située à 0.70 du plan tête, est également applicable à l'ellipse située à 0.50 et à toute autre ellipse. On n'a pour arriver aux résultats qu'à remplacer dans les formules générales les lettres par les valeurs qu'elles représentent.

0

www.ingramcontent.com/pod-product-compliance
Lightning Source LLC
Chambersburg PA
CBHW050612210326
41521CB00008B/1225